Annett Schaper

Von der kreativen Idee zur Innovation

Dieses Buch widme ich:

Anneliese,

Ursula,

Tuttling

You raise me up …

ÖKOLOGISCHE VERANTWORTUNG

Wir übernehmen Verantwortung! Ökologisch und sozial!

- Verzicht auf Plastik: kein Einschweißen der Bücher in Folie
- Nachhaltige Produktion: Verwendung von Papier aus nachhaltig bewirtschafteten Wäldern, PEFC-zertifiziert
- Stärkung des Wirtschaftsstandorts Deutschland: Herstellung und Druck in Deutschland

Annett Schaper

Von der kreativen Idee zur Innovation

Wie Ideen entstehen und wie man sie im Unternehmen durchsetzt

GABAL

Ein Hinweis zu gendergerechter Sprache: Die Entscheidung, in welcher Form alle Geschlechter angesprochen werden, obliegt den jeweiligen Verfassenden.

Bibliografische Information der Deutschen Nationalbibliothek

Die Deutsche Nationalbibliothek verzeichnet diese Publikation in der Deutschen Nationalbibliografie; detaillierte bibliografische Daten sind im Internet über http://dnb.d-nb.de abrufbar.

ISBN 978-3-96739-162-6

Unter Mitarbeit von Dr. Petra Begemann, Bücher für Wirtschaft + Management, www.petrabegemann.de
Lektorat: Dr. Michael Madel
Umschlaggestaltung: Martin Zech Design, Bremen | www.martinzech.de
Autorenfoto: Oliver Reetz
Illustrationen: Annett Schaper
Satz und Layout: Lohse Design, Heppenheim | www.lohse-design.de
Druck und Bindung: Salzland Druck, Staßfurt

Wir drucken in Deutschland.

www.gabal-verlag.de
www.gabal-magazin.de
www.facebook.com/Gabalbuecher
www.twitter.com/gabalbuecher
www.instagram.com/gabalbuecher

Inhalt

Vorwort von Dr. Gerhard Huhn: Die Kluft zwischen Kreativität und Innovation überwinden

Ständig und überall wird ein Mangel an Kreativität beklagt, größere Anstrengungen beim Lösen von Problemen werden gefordert. Beim Lesen von Annett Schapers Manuskript tauchte plötzlich ein Verdacht in mir auf: Könnte es sein, dass es gar nicht zu wenig Kreativität gibt – sondern dass das eigentliche Problem darin liegt, dass es *zu viel* Kreativität gibt? Einmal skeptisch geworden, verfolgte ich diesen Gedanken, und schließlich kam die Vermutung auf, dass er die Resonanz einer lange zurückliegenden Beschäftigung mit diesem Thema sein könnte. Vor Jahrzehnten hatte ich bei einer Studienreise ins Silicon Valley in der Buchhandlung der Stanford Universität ein Buch mit dem Titel »Creativity in Business«[1] entdeckt. Die Autoren, Michael Ray und Rochelle Myers, haben dort 1986 die Konzepte, Inhalte und Vorgehensweisen ihres gleichnamigen Seminars an der Stanford Universität dokumentiert. Es war so erfolgreich, dass es seit 1979 über 20 Jahre hinweg im MBA-Programm der Universität veranstaltet wurde. Menschen wie Steve Jobs, Mitgründer von Apple, Nolan Bushnell, Gründer von Atari und vielen weiteren Unternehmen, Tom Peters, Autor des Welt-Bestsellers »Auf der Suche nach Spitzenleistungen« beteiligten sich an diesen Veranstaltungen.

Gibt es zu wenig Kreativität – oder zu viel?

Es ist der erste Satz ihrer Einführung zu diesem historischen Buch, der durch Annett Schapers Buch in mir wieder wachgerufen wurde: »Eines der Hauptprobleme in der US-Wirtschaft liegt darin, dass es zu viele Ideen gibt, nicht zu wenige.«[2]

Ray und Myers fahren fort: »Dutzende von Lösungen erscheinen und verschwinden in einem chaotischen Haufen von Daten, Massen von

Expertenmeinungen und in einem Durcheinander von widersprüchlichen Statistiken und Berichten zu jedem Aspekt jeden Themas. Zeitknappheit und Termindruck werden durch Unentschlossenheit noch verstärkt, basierend auf der ständigen Angst, dass andere die eigenen Bemühungen als unzureichend und die Ergebnisse als unbefriedigend empfinden werden.«[3]

Ist es nicht erstaunlich, welche Parallelen zu heute und rund um den Globus auffallen? Es lohnt sich, noch etwas gründlicher hinzuschauen, denn Annett Schaper setzt in ihrem Buch genau da an, wo die üblichen Forderungen nach mehr Kreativität ins Leere laufen. Ray und Myers reagierten mit ihrem neuen Konzept auf eine Welle von Kritik an der damaligen Situation: »Die MBA-Ausbildung im Besonderen und die amerikanische Wirtschaft im Allgemeinen waren zu analytisch geworden, zu abhängig von Zahlen, zu konservativ, gleichgültig gegenüber den Menschen im Unternehmen, kurzsichtig und insgesamt schändlich unkreativ. Das Schlimmste daran war, dass diese Kritik berechtigt war.«[4]

Die Konsequenzen, die nach Ansicht von Ray und Myers zu ziehen waren: »Wir hatten wiederholt beobachtet, dass ohne die Einbeziehung einiger sehr tiefer persönlicher Quellen der Kreativität die alleinige Anwendung von Methoden und Techniken eher zu größerer Verwirrung führen kann – oder allenfalls zu Ergebnissen mit geringer Haltbarkeitsdauer. Wie bei dem sprichwörtlichen chinesischen Schnell-Imbiss, eine Stunde später und man ist wieder hungrig.«[5]

Der Dreiklang Fantasie – Kreativität – Innovation

Wenn auch die Ausgangslage so ähnlich klingt wie vor Jahrzehnten, die Lösungswege von heute werden nicht dieselben sein. Es ist aber offensichtlich, dass es höchste Zeit ist, eine Antwort auf die provozierende Frage zu Beginn zu finden, ob es wirklich zu viel Kreativität gibt, nicht zu wenig. Wir kommen schon einen Schritt weiter, wenn wir sprachlich sorgfältiger mit den Begriffen umgehen, die sich rund um die »Kreativität« ranken. Wenn von Kreativität die Rede ist, ist häufig »Innovation« gemeint, aber das ist nicht dasselbe. Oft geht es eigentlich um unzureichende »Fantasie«. Fantasie hat zwar mit Kreativität zu tun, ist aber nicht mit ihr identisch. Eine

Innovation hingegen ist eine *tatsächliche* Erneuerung, eine Veränderung, die real in die Welt gebracht wurde. Sie ist die Folge einer Verbindung von Kreativität und zusätzlicher Verwirklichungskraft. Entscheidend ist, dass die neue Idee auch verwirklicht wird. Und damit das Neue etwas Neues ist, muss sich zunächst erst einmal die Fantasie mit ihrer Vorstellungskraft und Ideenproduktion melden. »Fantasie – Kreativität – Innovation« ist das notwendige Zusammenspiel, damit aus unterschiedlichsten Quellen ein stimmiger Dreiklang wird. Ohne Kreativität keine Innovation, ohne Fantasie keine Kreativität – und Fantasie sowie Kreativität allein erzeugen keine Innovation. Klarheit in der Sprache und ein Verständnis des Bedeutungsgehalts von Begriffen sind gerade in diesem Bereich notwendig. Ein bemerkenswertes Phänomen wird bereits bei einem Vergleich der Häufigkeit der Keyword-Suchen im Internet deutlich. Je nach eingesetztem Algorithmus wird doppelt bis dreimal so oft nach »Innovation« gesucht wie nach »Kreativität«. Hier zeigt sich eine andere Seite der Problematik. Wer sein Augenmerk nur auf die Innovation lenkt, schenkt ihren Voraussetzungen, der Kreativität und der Fantasie, zu wenig Aufmerksamkeit. Es entspricht einem Bemühen, ernten zu wollen, ohne vorher den Acker zu bestellen, zu säen, Unkraut zu entfernen und gegebenenfalls für genügend Wasser und eine gesunde Bodenbeschaffenheit zu sorgen. Außerdem ist auch noch das Vertrauen nötig, dass die Wetterverhältnisse günstig sind.

Es ist das Verdienst der Autorin, dass sich die Integration dieser drei Aspekte – Fantasie, Kreativität und Innovation – und ihre Balance untereinander wie ein roter Faden durch sämtliche Kapitel des Buches ziehen. Das, woran es massiv mangelt, ist die Durchsetzung der Kreativität in die reale Form der Innovation. Wenn Ihnen daran liegt, zu erfahren, wie diese Kluft überwunden werden kann, haben Sie genau das richtige Buch in der Hand. Annett Schaper zeigt klar und mit manchmal durchaus provokativer Schärfe auf, was zu tun ist, damit wirklich Neues realisiert werden kann. Die nutzlose Anhäufung von Ideen ist heute genauso problematisch wie damals. Die große Stärke der Autorin ist dabei, dass sie aus ihren praktischen Erfahrungen heraus ohne Drumherumgerede Kapitel für Kapitel genau die Aspekte hervorhebt, die auch die wissenschaftliche Kreativitätsforschung als entscheidend für gelingende Innovationen betont. Sie werden merken, dass es nicht bei der Lektüre bleiben wird, sondern dass Sie ganz konkret ins Handeln hinein begleitet werden. Sie werden als Leserin, als Leser ernst genommen, denn Sie werden herausgefordert und mit einigen Überraschungen konfrontiert. Seit ich Annett Schaper kenne, hat sie mutig und kraftvoll genau das getan, wozu sie ihre Leserinnen und Leser ermuntern möchte. Überzeugend und mit ansteckender Begeisterung lebt sie »Walk the talk!« vor. Dabei greift sie auf die Erkenntnisse zurück, die sie in ihrer Agentur und als Beraterin und Coach über viele Jahre in dem Transformationsbereich zwischen Ideenfindung und Realisierung gewonnen hat.

Doch sie könnte sich auch ohne Weiteres, ebenso wie Ray und Myers seinerzeit, auf wissenschaftlich fundierte Erkenntnisse stützen.

Die Harvard-Professorin Teresa Amabile wird von Ray und Myers unter Bezug auf ihre Definition in »The Social Psychology of Creativity«[6] mit zwei konträren Vorgehensweisen in ihrer Definition kreativer Prozesse zitiert: »Eine Idee oder Lösung wird in dem Maße als kreativ beurteilt, indem sie (a) sowohl eine neuartige und angemessene, nützliche, korrekte oder wertvolle Antwort auf die Aufgabe liefert und (b) die Aufgabe eher heuristisch als algorithmisch ist.«[7]

Ein Großteil von Innovationen entspricht der (a) Definition von Amabile. Es sind Modifikationen, Anpassungen, Variationen, Erneuerung von Elementen bekannter Lösungen, die den Bedingungen von (a) genügen. In der Definition von (b) – und diese muss nach Amabile *zusätzlich* erfüllt sein, um als kreativ anerkannt werden zu können – geht es um »eine unvollständige Anleitung oder Faustregel, die zu einem Lernprozess oder zu einer Entdeckung führen kann«.[8]

Heuristik lässt sich auf den berühmten Ausruf des Archimedes »Heureka = ich hab's gefunden« zurückführen. Einer der berühmtesten Mathematiker der Antike und Meister des Umgangs mit Algorithmen gelangte an die Grenzen seiner Fähigkeiten, als er im Auftrag des Königs von Syrakus die Echtheit einer Goldkrone prüfen sollte. In seiner Badewanne kam er dann bei der Beobachtung, dass sich der Wasserspiegel durch sein Eintauchen erhöhte, plötzlich auf die Idee, dass sich so auch das Volumen der Krone ermitteln und in der Folge weiterer Berechnungen die geforderte Prüfung erfolgreich vollziehen ließ. Es ist überliefert, dass er so begeistert über diese Problemlösung war, dass er aus der Wanne sprang und nackt mit lauten Rufen »Heureka, Heureka« seine Mitbürger erschreckte.

Immer dann, wenn algorithmische Lösungen nicht zustande kommen, wenn also der Einsatz des vorhandenen Wissens, die bewährten Regeln, das eingespielte Know-how nicht zu gewünschten Ergebnissen, zu einem »richtig oder falsch«, zu den klar definierten Lösungen kommen können, ist der (weitere) Einsatz von Algorithmen sinnlos. Nur solange es einen klaren, erfolgreichen Lösungsweg gibt und die Herausforderung allein darin besteht, diesen Lösungsweg herauszufinden, kann ein algorithmisches Vorgehen zum Ziel führen. Aber wann, so fragen Ray und Myers, Amabile sinngemäß zitierend, ist in der Wirtschaft, im Geschäftsleben eine Situation völlig algorithmisch?[9]

Dementsprechend gibt es für all die heuristischen Situationen keine vorgegebenen Lösungswege. Sie müssen herausgefunden werden, müssen geschaffen – kreiert werden. Ein paar Faustregeln, ein paar Hinweise für den Weg können allenfalls wie eine Landkarte bei dieser Entdeckungsreise helfen. So sei der heuristische Ansatz die »Sesam öffne dich«-Formel für Innovationen in der Wirtschaft.[10] Methoden und Techniken können helfen, haben dabei aber nur einen kleinen Anteil am Gesamtprozess.

Noch einmal seien Ray und Myers zitiert: »Kreativität in der Wirtschaft ist eine Lebenseinstellung. Es ist ein fortlaufender Prozess, (...) es ist eine produktive Haltung, die von Einzelnen während des gesamten Arbeitslebens entwickelt wird, und kein plötzlicher guter Einfall, der sich als brauchbar herausstellt.«[11]

Mit mentalen Modellen kreative Räume öffnen

Offensichtlich hat Annett Schaper diesen heuristischen Ansatz gewählt. Sie hat ihn allerdings durch ihren Praxisbezug so erweitert, dass ich die einzelnen Kapitel jeweils als ein »mentales Modell« beschreiben möchte. Mit mentalen Modellen können wir uns einen Rahmen schaffen für das Verständnis, wie die Welt wirklich funktioniert. Sie helfen, neue Ideen schnell zu erfassen, Muster vor allen anderen zu erkennen und ihre Perspektive mit Leichtigkeit zu ändern. Mentale Modelle ermöglichen es uns, bessere Entscheidungen zu treffen, uns aus schlechten Situationen herauszuwinden und kritisch zu denken.[12]

Die Autorin erschließt uns einen neuen Raum des kreativen Schaffens, indem sie uns inspiriert, jenseits der allmächtig erscheinenden Algorithmen-Welt den heuristischen Weg zu wählen und andere mit dieser Entdeckungsfreude anzustecken. Sie ermöglicht es uns dadurch, neben der linearen, sequenziellen Vorgehensweise beim Einsatz von Kreativitätstechniken auch die notwendigen Tiefendimensionen zu erschließen, die emotionalen Tücken des Prozesses ernst zu nehmen, Ängste vor dem Neuen zu überwinden und auch zu akzeptieren, dass Geduld und das Aushalten von Unsicherheit Fähigkeiten sind, die die Durchsetzung von Ideen und das Beiseiteräumen von Widerständen ermöglichen. Nach der Lektüre dieses Buches werden Sie gefeit sein, auf die Verlockungen der Beschleunigungsverfechter hereinzufallen. Gleichzeitig werden die Anregungen der Autorin Sie stärken, auch mit den strukturellen Hindernissen der Organisationen geschickt umzugehen, weil Sie sie durchschauen. Es sind Selbstvertrauen und Selbstbewusstsein erforderlich, um strukturelle konservative Normen zu überwinden. Aber Sie werden Kapitel für Kapitel immer zuversichtlicher werden, dass Sie sich Quellen und Ressourcen erschließen, über die keine noch so weit entwickelte Maschinen-Intelligenz je verfügen kann.

Ich wünsche Ihnen mindestens genauso viel Entdeckungsfreude, wie ich sie beim Lesen dieses inspirierenden Buches gehabt habe.

Dr. Gerhard Huhn,
Mitgründer und Leiter der Flow Akademie
Berlin, Mai 2023

Einführung: Überschätzte Kreativitätstechniken und die Feinde der Innovation

»Warum kann ich mein Bild nicht sofort sehen??!« Mit dieser Frage einer Dreijährigen begann die Entwicklung eines Produkts, das sich weltweit unzählige Male verkaufen sollte und Milliardenumsätze generierte: die Polaroid-Sofortbildkamera. Die Kleine hieß Jennifer Land, und ihr Vater Edwin Land war Gründer eines Unternehmens, das Polarisationsfolien herstellte. Land hatte seine Tochter im Urlaub fotografiert und kam durch ihre enttäuschte Frage ins Grübeln – und ins Tüfteln. Fünf Jahre später, 1948, wurde die erste Polaroid verkauft, eine Kamera, die das Negativ sofort belichtete. Ihr Siegeszug dauerte Jahrzehnte und machte ihren Erfinder reich. Und wie die Vinylschallplatte erlebt auch die Polaroid-Kamera gerade ein überraschendes Revival und erzielt in Deutschland wieder Millionenumsätze.[13]

Lässt sich Kreativität »managen«?

Eine Innovation, die dadurch zustande kommt, dass eine Dreijährige eine kecke Frage stellt und ihr Vater zufällig Experimentalphysiker ist und noch zufälliger eine Firma besitzt, die im Geschäft mit Fotografie-Zubehör ist: »Design Thinker« und Kreativtechniker, die auf einen strukturierten Prozess der Ideenfindung setzen, müssten sich da eigentlich die Haare raufen. Dass Kreativität eine unverzichtbare wirtschaftliche Ressource ist, bestreitet kaum jemand. Das World Economic Forum weist ihr unter den »Top 15 Skills for 2025« einen stolzen fünften Platz zu, noch vor »Leadership«, »Resilience« oder »Emotional intelligence«. Schon vor 20 Jahren veröffentlichte Richard Florida seinen Bestseller »The Rise of the Creative Class«[14], der unseren zukünftigen Wohlstand an das kreative Potenzial der Arbeitenden koppelt. Und auch in einer gegenwärtigen Auflistung von »Future Skills« darf Kreativität nicht fehlen.[15] Kreativität ist die Quelle der Innovation. Ohne sie bliebe alles beim Alten. Zugleich aber ist Kreativität anarchisch, unvorhersehbar und regellos, wie das Eingangsbeispiel zeigt. Das macht sie in vielen Unternehmen suspekt, dort soll es schließlich geordnet, planvoll und vorhersehbar zugehen. Kreativität ist der Feind des Bisherigen und oft genug Bewährten, und das zeigt schnell die Zähne, wenn es ihm an den Kragen gehen soll. Das Neue verunsichert, erst recht, wenn es im bunten Narrengewand der kreativen Fantasie daherkommt oder gar in Gestalt einer arglosen Kinderfrage. An diesem Punkt kommen Kreativitätstechniken ins Spiel. Sie weisen der Kreativität einen abgezäunten Bereich im Unternehmen zu, streifen ihr quasi ein vertrautes Businessoutfit über. Wenn schon Kreativität, dann möchte man sie »managen«, das eigentlich Unberechenbare also in einen geregelten Ablauf überführen.

Wie entstehen Geistesblitze?

Dieser Wunsch nach Berechenbarkeit macht vermutlich auch den Reiz von Design Thinking aus, dem schon nicht mehr ganz so neuen neuesten Kreativitäts-Hype. 1,4 Milliarden Treffer bei Google sprechen für sich. Hinter »Design Thinking« verbirgt sich, grob gesprochen, eine Methode, die in einem sechsstufigen Prozess (Verstehen, Beobachten, Standpunkt definieren, Ideen finden, Prototyp, Testen) neue Ideen entwickeln oder Probleme lösen soll und dabei auf interdisziplinäre Teams setzt, angelehnt an die Vorgehensweise von Designern bei der Gestaltung von Produkten. Im Mittelpunkt stehen dabei neben der Umsetzbarkeit des Produkts vor allem Kundennutzen und Marktfähigkeit. Das erscheint mir als Designerin doch eine arg gebändigte und an vertraute Abläufe gekettete Kreativität. Wie passt das dazu, dass mir als Designerin die besten Ideen häufig beim Spaziergang mit Hund an der Elbe oder beim Löcher-in-die Luft-starren in meinem Atelier abseits meiner Firma kamen?

Sind interdisziplinäre Teams in pinnwandbewehrten Meetingräumen tatsächlich die fruchtbarste Brutstätte für unverhoffte Geistesblitze? Kommt dort nicht eher »mehr vom selben« heraus, eine Variante, eine Optimierung des Bisherigen, aber nichts grundsätzlich Neues? Das muss nicht schlecht sein, denn nicht immer braucht es radikale Veränderungen. Dennoch: Meiner langjährigen Praxiserfahrung nach bewähren sich Teams hervorragend bei der Prüfung und Weiterentwicklung von Ideen. Die Ideen selbst sprudeln eher, wenn sich ein Einzelner frei von Gruppendynamik und »Wie wirke ich«-Überlegungen konzentriert in eine Fragestellung vertieft oder auch die Gedanken frei wandern lassen kann. (Warum es diese beiden konträren Wege zur Idee gibt – konzentrierten Fokus *und* den eigenen Gedanken freien Lauf lassen –, wird später noch Thema sein.)

Es reicht nicht, tolle Ideen zu haben. Man muss sie auch durchsetzen können.

In meinem Podcast »Code of Creativity« kommen regelmäßig »Kreative« unterschiedlichster Provenienz zu Wort, vom Ausstellungsmacher bis zur Choreografin. Schlüsselzitate aus inzwischen rund 100 Interviews findest du eingestreut im Buch. Was sich in den Gesprächen abzeichnet: Jede und jeder aktiviert das kreative Potenzial auf seine eigene Weise. Gemanagte Kreativität à la Design Thinking ist mir bisher nicht begegnet. Das heißt nicht, dass ich die Methode für sinnlos halte. Gerade für das Schärfen und Testen von Ideen wird sie sich bewähren. Doch die kreative Initialzündung muss von anderswo kommen, wenn man mehr will als Innovation in Trippelschritten. Dasselbe gilt für »Kreativitätstechniken«, von denen es unzählige gibt. Dazu zählt das Brainstorming, das den allermeisten von euch schon begegnet sein dürfte: in der Gruppe frei und ohne Zensur Ideen raushauen, um dann im zweiten Schritt die Ergebnisse des Gedankensturms zu sichten, zu prüfen und die besten auszuwählen. Erinnert sich jemand an eine wirklich geniale Idee, die dabei herausgekommen ist und die bis heute im Unternehmen nachwirkt? Bitte bei mir melden, die Kontaktadresse findest du hinten im Buch. Inzwischen setzt sich mehr und mehr die Überzeugung durch, dass das Brainstorming oft ein laues Lüftchen bleibt. Dr. Julia Gumula, die über Kreativität geforscht und promoviert hat, rät in meinem Podcast eher zu anderen Verfahren, die gezielt weit Auseinanderliegendes kombinieren und so überraschende Ideen provozieren.[16] Was es mit den so provozierten »semantisch-kognitiven Sprüngen« als Ideenlieferanten auf sich hat, werden wir uns ebenfalls noch anschauen. Eine andere bekannte Kreativitätstechnik ist die »Osborne-Checkliste«, die dazu auffordert, ein Produkt oder eine Idee planvoll abzuwandeln, indem man sich Gedanken darüber macht, ob sich das Ganze ändern, anpassen, vergrößern, verkleinern, umstellen, teilweise ersetzen, anders verwenden, umkehren, mit etwas anderem kombinieren oder transformieren könnte. Alle zehn Punkte dabei bitte brav abhaken![17] Doch damit Osborne einem weiterhilft, muss die Ausgangsidee schon da sein. Per Checkliste lässt sie sich dann kreativ verändern. Nicht mehr und nicht weniger.

Wer das Neue sucht, muss das Alte loslassen.

Es erstaunt mich nicht, dass »Kreativitätstechniken« so beliebt sind. »Technik«, das klingt nach einem sicheren Tool, danach, dass man kurz mal eine neue Software ausprobiert, bevor man zum bewährten Standardprogramm zurückkehrt. Leider sind die meisten Ergebnisse mäßig. Nur etwa ein Prozent aller neuen Geschäftsideen werden in Kreativitätsworkshops geboren, schätzt Karl-Heinz Brodbeck.[18] Er ist Professor für Ökonomie und Wirtschaftsethiker. Man entdeckt eben keine neuen Erdteile, ohne den Mut zu haben, alte Küsten aus den Augen zu verlieren, wie André Gide einmal feststellte. Wer auf vertrautem Terrain bleibt und nur kurz den großen Zeh ins Wasser steckt, erfindet höchstens Pizzascheren, Teebeutelpressen oder sprechende Yoga-Matten – Pseudoinnovationen, die kein Mensch braucht. Wem ein Dichter als Kronzeuge verdächtig ist, der erinnere sich an den Ökonomen Josef Schumpeter, der schon im letzten Jahrhundert die Kraft der kreativen Zerstörung als Triebfeder des Fortschritts beschwor. Kreativität auf Knopfdruck, Kreativität nach Rezept, das funktioniert offenbar nicht. Echte Kreativität braucht Zeit und Muße. Sie geht mit Phasen der Unsicherheit einher, die man aushalten muss. Dazu befähigt ein klares Ziel, das mit Leidenschaft verfolgt wird. Echte Kreativität akzeptiert die Unkalkulierbarkeit und vertraut darauf, dass aus dem (scheinbaren) Nichts Ideen hochpoppen werden, wenn es mit der Brechstange nicht klappt. Geistesblitze lassen sich nicht programmieren.

Warum dieses Buch?

Wenn du dich fragst, warum du dieses Buch lesen sollst, wo es doch so viele andere Kreativitätsbücher gibt: Lies es, weil dieses Buch tiefer gräbt und dir das Vertrauen in deine eigene Kreativität wiedergeben will. Es gaukelt dir nicht vor, du müsstest nur eine bestimmte Technik anwenden. Es verschweigt dir auch nicht die Mühen der Kreativität – dranbleiben, diszipliniert weitermachen, Selbstzweifel überwinden. Es hilft dir vielmehr, das Selbstvertrauen, die Geduld und die Freude an deiner Kreativität wiederzuentdecken. Alle Kinder sind kreativ, und alle Erwachsenen auch. Die Großen haben es nur vergessen. Mein Credo lautet: Kreativität ist dein Grundrecht! Kreativität stiftet Sinn, weil sie neue, unerwartete Lösungen für bestehende Herausforderungen ermöglicht. Kreativität macht uns glücklich, weil wir uns als selbstwirksam erfahren, wenn uns etwas richtig Gutes eingefallen ist. Dass es nicht leicht war und nicht auf Knopfdruck funktioniert, steigert die tief empfundene Befriedigung, wenn es am Ende trotzdem klappt. Das bedeutet: Kreativität entwickelt unsere Persönlichkeit und verschafft uns Glücksgefühle. Wer die Grenzen des Vertrauten sprengt, ist hinterher ein anderer. Kreatives Handeln bringt jenseits aller wirtschaftlichen Vorteile auch einen beglückenden individuellen Mehrwert.

Meine Geschichte

Mir hat Kreativität förmlich das Leben gerettet. Das klingt pathetisch, trifft aber zu. Meine Kindheit war nicht besonders glücklich. Was von außen wie eine Musterfamilie mit Vater, Mutter und Schwester in gesettelten Verhältnissen wirkte, wurde von meinem cholerischen Vater geprägt, der uns Kinder regelmäßig verprügelte. Und damit meine ich nicht »den kleinen Klaps«, der angeblich niemandem schadet. Bei uns kam der Teppichklopfer zum Einsatz, den wir Kinder selbst vom Haken nehmen und dem Vater reichen mussten. Die Anlässe waren vielfältig und jederzeit verfügbar: von unserem Versagen bei der täglichen Hausaufgabenkontrolle bis zu schlechter Laune beim Heimkommen von der Arbeit. Die Gewitterstimmung erkannte ich schon als kleines Kind an der Art und Weise, wie mein Vater die Türklinke herunterdrückte. Bereits mit sechs Jahren war mir klar: *Das hier ist nicht schön. Und ich will mir mein Leben schön machen.* Der Schlüssel dazu ist Kreativität.

Ich war vermutlich der größte Fan von Pipi Langstrumpf, den man sich vorstellen kann. Ihr Motto: »Ich mache mir die Welt, wie sie mir gefällt«, wurde der Strohhalm, an den ich mich klammerte. Ach was, Strohhalm – es war mein Rettungsboot. Ich gab mich nicht mit dem Vorhandenen zufrieden, sondern gestaltete mir kleine Oasen im Alltag. Bevor ich zwölf Jahre alt war, hatte ich mit kleinen Jobs das Geld für meine erste Kamera verdient und begann zu fotografieren. Schon vorher waren es Stifte, schönes Papier, Bücher, die ich mir erarbeitete, um zu basteln, zu malen, zu gestalten. Ich lernte: Wenn ich mir ein begehrenswertes Ziel setze und kleine Schritte dahin gehe, dann klappt das, auch wenn das Ziel zunächst unerreichbar scheint. Als Kind habe ich häufig gedacht, wenn das so einfach ist, warum machen das nicht alle so?

Es reicht nicht, tolle Ideen zu haben. Man muss sie auch durchsetzen können.

Das ist der Kern jeder kreativen Herausforderung. Die Zuversicht, dass am Ende etwas Schönes gelingt, und das beharrliche Draufzugehen, Schritt für Schritt, haben mich als Designerin, Art-Direktorin, Agentur-Mitgeschäftsführerin und langjährige Inhaberin einer eigenen Agentur zu vielen erfolgreichen Ideen befähigt. Dass es für die Umsetzung strategisches Geschick, Verbündete und durchdachte Prozesse braucht, wird niemanden überraschen. Denn nach dem Geistesblitz wartet in jedem Unternehmen die zweite, ebenso wichtige Aufgabe: die eigene Idee auszuarbeiten, Verbündete zu gewinnen, sie in der Organisation durchzusetzen. Auch das erfordert Mut, denn die Möglichkeit des Scheiterns steckt in jedem Neuen. Es erfordert Hartnäckigkeit, denn die Beharrungskräfte des Alten sind groß. Das gilt für unternehmensinterne Innovatoren wie für kreative Dienstleister oder Agenturen, die von außen zugekauft werden.

Damit ist der Bogen umrissen, den dieses Buch spannt vom Entstehen der Kreativität als Quelle jeder echten Innovation bis zu deren Umsetzung im Unternehmenskontext, der Aktion also. Wie wichtig der Umsetzungsaspekt ist, beweist die Liste legendärer Ideen, die in Unternehmen hierzulande das Licht der Welt erblickten, um dann an ihrem Geburtsort in der Versenkung zu verschwinden und später anderswo mit großem Erfolg umgesetzt zu werden, vom Walkman bis zum MP3-Format für Musikdateien, von der Digitalkamera bis zum Hybridmotor für Autos.[19] Mit diesem Buch verbinde ich daher den Wunsch, dich nicht nur für Kreativität zu begeistern, sondern dich gleichzeitig auszurüsten, für deine Ideen einzutreten, als externer »Kreativer« ebenso wie als interner Mitarbeiter oder Auftraggeber. Und nun lass uns loslegen!

I - INNOVATION

WAS „KREATIVITÄT" WIRKLICH BEDEUTET

UND WIE SIE ENTSTEHT

1 Kreativität ist keine Branche. Sondern eine Haltung

»Kreativbranche« – im Zuge der COVID-Pandemie machte der Begriff traurige Karriere. Das Etikett des »Kreativen« wurde dabei mehr oder weniger bunten Vögeln angeheftet, Kleinkünstlern, Schauspielern, freien Autoren, deren prekäre Situation sich gerade dramatisch verschärfte. Diese Zuschreibung passt zum Bekenntnis: »Ich bin einfach nicht kreativ!«, das ich immer wieder von Normalos in anderen Berufen höre. By the way: Hältst du dich eigentlich für kreativ? Behalte die Frage (und deine Antwort darauf) bitte mal im Hinterkopf.

Den Kreativitätsmuskel trainieren

Meine These lautet: Jeder Mensch ist kreativ. Wer das von sich weist, hat seine Kreativität in Wahrheit nur verlernt. Kreativität ist wie ein Muskel. Wenn man sie nicht regelmäßig nutzt, verkümmert sie. Im Umkehrschluss bedeutet das: Mit ein wenig Übung ist sie plötzlich wieder da. Das erlebe ich regelmäßig in meiner Kreativsprechstunde. Kreativsprechstunde bedeutet: Ich sitze mit maximal zwei Personen aus dem Unternehmen für zwei Stunden zusammen, in einem ruhigen Raum ohne Telefon, bewaffnet nur mit einem dicken Block Papier und diversen Stiften. Smartphones und Laptops bleiben draußen, um eine ablenkungsfreie Zone zu schaffen. »Um was geht es?«, lautet meine Eingangsfrage. Ist das geklärt, spielen wir Ideen-Pingpong. Für die meisten Menschen ist das eine ungewohnte, mitunter sogar angstbesetzte Situation. Ihr Unbehagen ist in den ersten fünfzehn Minuten förmlich mit Händen zu greifen. Die ersten Gedanken kommen noch zögerlich. Ich greife sie auf, spinne sie weiter, scribble dazu, fertige also grobe Ideenskizzen oder Zeichnungen dazu an. Das löst neue Ideen beim Gegenüber aus. Manche unserer Ideen entpuppen sich als Sackgasse und werden schnell verworfen, das Blatt wird zerknüllt und auf den Boden gefeuert. Beim ersten Mal löst das noch schockierte Blicke aus, dann ist die Botschaft angekommen: Nicht alles muss perfekt sein. Es ist normal, Ideen wegzuschmeißen. Man lernt schnell: Um wirklich gute Ideen zu haben, muss man vor allem viele Ideen haben – am besten zehn, zwölf oder mehr. Am Ende erweisen sich meist zwei bis drei als so vielversprechend, dass sie im Unternehmen weiterverfolgt werden.

Wer sich traut, wird kreativ.

Häufig sind die Teilnehmer schon mit einer ungefähren Vorstellung ihrer Wunschlösung ins Meeting gekommen. In der Regel gehen sie am Ende mit ganz anderen Ideen heraus. Das eigentlich Erstaunliche ist jedoch die Wandlung, die viele Menschen in dieser kurzen Zeit durchmachen. Aus Skepsis oder gar Angst ist ein Funkeln in den Augen geworden: »Oh, das funktioniert. Und es macht sogar Spaß!« Sobald die anfänglichen Hemmungen überwunden sind, gewinnen »ganz normale Mitarbeiter«, aber auch Marketers, die im

Alltag im operativen Geschäft versinken, wieder Zugang zu ihrer schöpferischen Fantasie. Zwei Stunden ungestörte Zeit genügen, um wieder in Kontakt mit der eigenen Kreativität zu kommen. Damit wächst auch die Zuversicht, es beim nächsten Mal wieder zu schaffen, ob mit oder ohne externe Unterstützung. Und tatsächlich: Buchen Unternehmen mich mehrfach hintereinander, stelle ich regelmäßig fest, dass die Ideen der Teilnehmer mit jedem Mal schneller sprudeln. Kreativität ist ein Muskel. Damit dieser Muskel in Aktion treten kann, muss man aber erst einmal überzeugt sein, dass man ihn hat. Das meine ich unter anderem mit »Haltung«: Die Zuversicht, kreativ sein zu können, ist unbedingte Voraussetzung dafür, kreativ zu werden. Das ist wie beim Schwimmen: Wer überzeugt ist, dass er das niemals können wird, meidet das Wasser und lernt es tatsächlich nie. Wer sich dagegen darauf einlässt, kommt häufig überraschend schnell mit dem nassen Element zurecht.

Den Schlüsselfaktor Selbstwirksamkeit nutzen

Wissenschaftlicher ausgedrückt: Das Vertrauen in die eigene kreative Selbstwirksamkeit macht Menschen tatsächlich kreativer – weil sie sich mehr zutrauen und Herausforderungen beherzter angehen. Unter »Selbstwirksamkeit« versteht die Psychologie die Überzeugung eines Menschen, auch herausfordernde oder schwierige Situationen erfolgreich bewältigen zu können. Albert Bandura, einer der bekanntesten Psychologen unserer Zeit, hat dem Thema »Self-Efficacy« ein ganzes Buch gewidmet. Seine Kernthese: Menschen mit hoher Selbstwirksamkeitserwartung sind gesünder, effektiver und generell erfolgreicher als solche mit niedriger Selbstwirksamkeitserwartung.[20] Was wir tatsächlich erreichen, hängt nicht zuletzt davon ab, was wir erreichen zu können glauben. Andere Studien belegen, dass Menschen, die der Meinung sind, Kreativität könne sich entwickeln und sei nicht ein für alle Mal festgelegt, sich selbst als kreativer einstufen.[21] Die eigene Haltung zur Kreativität hat also großen Einfluss auf das Maß der eigenen Kreativität. Und da die eigene Selbstwirksamkeitserwartung durch Erfolgserlebnisse und Ermutigung gestärkt wird, gilt auch für kreative Ideenfindung schlicht: Übung macht den Meister!

Anders denken statt nachahmen

Ein Beispiel, was entstehen kann, wenn man sich traut, das vertraute Ufer zu verlassen: In einer Kreativsprechstunde entwickelten wir ein neues Produkt für einen Lebensmittelkonzern. Der Auftrag lautete: eine »junge« Pizza entwickeln, die die McDonald's-Zielgruppe ansprechen sollte. Die Ausgangsidee im Unternehmen: die Pizza-Verpackung so ändern, dass sie ähnlich »jung« wie die Boxen von McDonald's wirkt. Das Endergebnis: statt einer neuen Verpackung ein ganz anderes Produkt machen, das jüngere Leute anspricht. So wurde der »Pizzaburger« geboren, der dem Unternehmen ein knappes Jahrzehnt satte Umsätze bescherte. Anfangs musste zeitweise sogar die Werbung gedrosselt werden, weil man mit der Produktion gar nicht schnell genug hinterherkam.

»*Es ist ganz simpel: mehr Zeit, mehr Kunst, bessere Kunst.*«

RUPPRECHT MATTHIES, WORT- UND OBJEKT-KÜNSTLER[22]

Vielfach habe ich es in Kreativsprechstunden und Kreativ-Coachings mit Managern zu tun, deren Alltag komplett in 30-Minuten-Slots durchgetaktet ist. Wie soll da Kreativität entstehen? Kreativität braucht Freiraum, gedanklich wie zeitlich, auch im Unternehmen. Dieser Hinweis fehlt in keinem der vielen Artikel, die sich der Frage widmen, wie Firmen kreativer und damit erfolgreicher sein können. Doch in einer Zeit, in der alle ständig schwer beschäftigt sind, macht sich verdächtig, wer scheinbar Löcher in die Luft starrt, weil er die Gedanken schweifen lässt. Kopfarbeit ist leider unsichtbar. Doch wo es keinen Raum zum Nachdenken gibt, bleibt die Kreativität auf der Strecke.

Was Kinder besser können als Manager

Kinder machen sich solche Gedanken nicht. Außenwirkung und Image werden erst in der Pubertät und erst recht später auf der Karriereleiter wichtig. Bis dahin kann man als Kind selbstvergessen kreativ sein, wenn das Umfeld das zulässt. Bei mir zu Hause war das glücklicherweise der Fall. Aber stimmt es wirklich, dass Kinder so viel kreativer sind als Erwachsene? Dazu gibt es ein lustiges Experiment: die »Marshmallow Challenge«. Die Aufgabe lautet, im Team mit Hilfe von je einem Meter Klebeband und Bindfaden aus 20 Spaghetti einen Turm zu bauen, auf dessen Spitze ein Marshmallow gesetzt wird. Dazu hat man 18 Minuten Zeit. Was denkst du, wer dabei besser abschneidet: Manager (Absolventen von Business Schools) oder Kindergartenkinder? Tatsächlich sind die Kids erfolgreicher und bauen höhere Türme. Sie gehen experimentell an die Aufgabe heran, legen los und lernen durch Versuch und Irrtum. Die Erwachsenen verbringen viel Zeit mit Diskussion und Planung und geraten in Zeitnot. Am Ende stellen sie nicht selten fest, dass so ein Marshmallow doch schwerer ist als gedacht und das filigrane Gebilde zum Einsturz bringt.[23] Die spielerische Herangehensweise schlägt in diesem Fall die rationale, und fünfjährige Knirpse kommen eher zum Ziel als Unternehmenslenker.

Kreativitätskiller Schule, Ausbildung, Beruf

Falls du gerade überlegst, ob nicht einfach die frischere Erfahrung im Türmebauen die Kinder zu Champions macht – für die größere Kreativität von Kindern gibt es noch andere Belege: Eine Studie des World Economic Forum ergab 2017, dass 98 Prozent der Kindergartenkinder »kreative Genies« seien. Im Alter von 25 traf dies nur noch auf 3 Prozent zu. Gemessen wurde die Kreativität dabei mit dem »Torrence Test of Creative Thinking«, der die Fantasie auf die unterschiedlichste Weise herausfordert, beispielsweise indem vorgegebene einfache Formen zu Bildern kombiniert oder ergänzt, Geschichten zu Bildern erfunden oder möglichst viele ungewöhnliche Verwendungsformen einfacher Gegenstände wie Blechdosen oder Pappschachteln genannt werden sollen.[24] Offenbar führen Schule und Ausbildung zur Kanalisierung unserer Ideen. Oder sollte es daran liegen, dass wir als Erwachsene einfach zu sehr auf schnelle Lösungen gedrillt sind? Darauf deuten Experimente hin, die an der Universität Berkeley gemacht wurden. Die Psychologin Alison Gopnik verglich in einer Studie mit 800 Probanden das Verhalten von Vierjährigen bei der Lösung von Aufgaben mit dem von Studenten Mitte 20. Es ging unter anderem darum, eine Form zum Leuchten zu bringen, indem diese mit verschiedenen anderen Gegenständen kombiniert wurde. Auch hier waren die Kinder experimentierfreudiger, legten sich weniger schnell auf die erste funktionierende Lösung fest und waren offener für späteren Input durch die Versuchsleitung. Erwachsene dagegen hielten an einem einmal gewählten Verhalten fest, sobald dieses erfolgreich war. In anderen Aufgaben verließen sich die Studenten bei der Deutung von Bildsituationen auf (Vor-)Urteile über die handelnden Personen und präsentierten auch hier eine schnelle Antwort. Kinder hingegen ließen sich unbefangener auf die Situation ein und konzentrierten sich auf faktische Bilddetails.[25]

> »*Kreativ sein heißt: immer wieder verändern, Grenzen herauszufordern und das Bestehende infrage zu stellen. Was wäre, wenn ich das noch mal ganz anders mache?*«
>
> WERNER DETERING, TEXTER – KONZEPTIONER

Die erstbeste Lösung ist meist nur die erste und selten die beste.

Möglicherweise hatte der berühmte Ökonom John Maynard Keynes solche Effekte im Auge, als er behauptete: »The difficulty lies not in new ideas, but in escaping from the old ones.« Je mehr wir wissen und erfahren haben, desto schwerer fällt es uns, eine Situation wirklich unbefangen zu betrachten, desto stärker sind wir in gewohnten Lösungswegen gefangen und desto schneller wollen wir zu einer Lösung kommen, erst recht im Unternehmenskontext. Dabei ist die erstbeste Idee immer nur die erste und nur selten die beste. Siehe das Beispiel »Pizza-Karton«. Kinder schleppen diesen Ballast an Vorwissen und Erfolgsdruck noch nicht mit sich herum. Studien weisen zudem darauf hin, dass neben anderen Eigenschaften vor allem die Offenheit für neue Erfahrungen kennzeichnend für kreative Persönlichkeiten ist. Kreative Menschen halten weniger an Normen fest und sind spontaner.[26] Kein Wunder also, dass Kinder wahre Kreativitätsprofis sind. Zum vollständigen Bild gehört aber auch: Erfahrung kann im kreativen Prozess beides sein – Ballast und Wegweiser. Wer im Alltag zahlreiche Anregungen aufnimmt und Erfahrungen auch jenseits des eigenen Tellerrandes sammelt, besitzt mehr Spielmaterial, das ihn zu neuen Lösungen befähigt. Das bedeutet: Wer mit offenen Augen durch die Welt geht und die eigene »Bubble« auch mal verlässt, ist im Vorteil. Dabei gilt: Kreativität ist nicht immer das radikal Neue, und nicht jede erfolgreiche Innovation muss gleich eine disruptive Revolution anstoßen. Häufig geht es eher darum, Bekanntes auf eine neue Weise zu verknüpfen und sich von Impulsen aus anderen Bereichen anregen zu lassen. Wenn man Autos mieten kann, warum dann nicht auch Abendkleider? Und könnte Leasing nicht auch bei Kühen funktionieren? Ein Blick ins Netz genügt, um entsprechende Anbieter zu finden, die solche Ideen umsetzen. Jetzt warte ich noch darauf, dass die Industrie den umgekehrten Weg beschreitet und beispielsweise Bio-Autos produziert, deren Material recycelt werden kann.

Eine Definition von »Kreativität«

Du ahnst es inzwischen: Kreativität ist ein komplexes Phänomen. Womit es langsam an der Zeit für eine grundlegende Definition wird. Die bekannteste und zugleich anerkannteste stammt von Mark Runco, Autor verschiedener Bücher über Kreativität und früherer Präsident der US-amerikanischen Psychologen-Vereinigung. Runco definiert Kreativität als kognitiven Prozess, der zu Ideen oder Lösungen führt, die *sowohl neu* (originell, einzigartig, ungewöhnlich) *als auch umsetzbar* (passend, nützlich) sind.[27] Die Definition lässt unterschiedlichste Formen der Kreativität zu, vom künstlerischen Ausdruck, der Betrachter berührt, provoziert oder verändert (als »Nutzen« von Kunst) bis zur technischen, handwerklichen oder unternehmerischen Kreativität.

Göttlicher Funke? Genie? – Nein, Mindset!

Ich halte nichts davon, »Alltagskreativität« und »schöpferische Kreativität« strikt zu trennen. Es gibt unzählige Formen der Kreativität. Allen gemeinsam ist, dass sie Neues hervorbringen, das Wirkung entfaltet. Dem Erfinder des Dübels gelang das ebenso wie dem Maler, der uns die Welt mit völlig neuen Augen sehen lässt, oder dem Unternehmer, der als Erster den Verkaufstresen durch das Prinzip der Selbstbedienung ersetzte. Die längste Zeit in der Menschheitsgeschichte wurde Kreativität überhöht, in der Antike als »göttlicher Funke« gesehen, um 1800 im Sturm und Drang und später der Romantik für Ausnahmepersönlichkeiten (»Genies«) reserviert. Diese Verklärung wirkt bis heute nach, auch wenn sich Mitte des letzten Jahrhunderts durch Forscher wie Joy Paul Guilford die Überzeugung durchsetzte, dass jeder Mensch kreatives Potenzial besitzt.[28] Menschen unterscheiden sich in der Ausprägung dieses Potenzials und werden je nach Talent und Neigung Erfinder, Designer, Werber, Tischler, Maler, Marketingstratege. Allen gemeinsam ist jedoch das Mindset – die Überzeugung, kreativ sein zu können. Diese Haltung gibt die Startenergie für kreative Prozesse und trägt durch deren Höhen und Tiefen. Keiner meiner Podcast-Gesprächspartner zweifelte daran, dass er kreativ ist, auch wenn alle wissen, wie mühsam das manchmal sein kann. Das meine ich im Kern, wenn ich sage: »Kreativität ist eine Haltung«. Der Rest ist Erfahrung und Übung, Machen und Scheitern, Weitermachen und Erfolg haben, sich Anregungen holen und Gedanken schweifen lassen und vieles mehr, was in den folgenden Kapiteln Thema sein wird. Verabschieden wir uns von der Idee, Kreativität sei ein göttlicher Funke, der nicht jedem gegeben ist. Kreativität ist ein allgemeinmenschliches Vermögen. »Creare« heißt schlicht erschaffen, und das ist nicht nur bunten Vögeln vorenthalten.

> »*Ich glaube nicht an den Papageno, den Kreativen als Spinner oder Verrückter. Für mich ist Kreativität schlicht Handwerk. Sie ist Mittel zum Zweck, das Handwerk hundertprozentig zu leben.*«
>
> MATTHIAS GFRÖRER, KOCH UND INHABER DER GUTSKÜCHE

Welche Haltung befreit die Kreativität?

Wenn Kreativität kein Gottesgeschenk, sondern eine Frage des Mindsets ist: Welche Haltung braucht es dann? Was sind die Zutaten? Hier die fünf wichtigsten:

Zutat 1: Der Glaube an die eigene Kreativität

Schule und Ausbildung, ein auf Effizienz und rasche Ergebnisse ausgerichteter Alltag, ein immer engeres Netz von Gewohnheiten, das uns im Laufe der Jahre fesselt – all das versetzt unsere Kreativität in einen Dämmerschlaf. Um sie wieder aufzuwecken, müssen wir zuallererst an sie glauben. Sie mag verschüttet sein, ungeübt und ohne Ziel. Aber sie ist noch da. Je höher unsere Erwartung an unsere kreative Selbstwirksamkeit, desto besser stehen unsere Chancen auf mehr Kreativität. Je mehr wir uns zutrauen, desto eher sprudeln die Ideen.

Zutat 2: Leidenschaft

Wer tut, was ihn im Kern begeistert, kommt eher auf kreative Ideen als jemand, dem seine Aufgabe gleichgültig ist. Diese Leidenschaft muss nicht laut nach außen getragen werden, im Gegenteil: Introversion zählt zu den Eigenschaften vieler kreativer Menschen.[29] Multitalente sind selten. Ich habe meine Leidenschaft für Visuelles, fürs Malen und Zeichnen zum Beruf gemacht, Matthias Gfrörer die fürs Kochen, Werner Detering die für gute Texte. Wo liegt deine Leidenschaft?

Zutat 3: Neugier

Wer neugierig auf Neues ist, saugt viele Eindrücke auf, die zum Spielmaterial für kreative Ideen taugen. Er gibt sich außerdem nicht mit dem Status quo zufrieden, sondern interessiert sich dafür, was sonst noch möglich wäre: andere Lösungen, andere Wege zum Ziel, vielleicht sogar andere Ziele.

Zutat 4: Zuversicht

»Es gibt immer eine Lösung.« Dieser Satz fiel in einem meiner ersten Podcast-Interviews, und er hakte sich sofort bei mir fest. Gesagt hat ihn Hendrik Kossmann, ein Meister der Food-Fotografie. Wer daran glaubt, dass am Ende etwas Gutes herauskommen wird, wird durch die Tiefen getragen, die es in jedem kreativen Prozess gibt. Und die kennt jeder, glauben Sie mir. In Abwandlung eines bekannten Zitats von Karl Valentin: »Kreativität ist schön, macht aber auch viel Arbeit.«[30]

> »*Es gibt immer eine Lösung. Vielleicht ist die Lösung teuer, vielleicht ist sie anstrengend, vielleicht ist sie schwierig. Aber sie ist da. Es gibt immer eine Lösung, und wir geben nicht auf.*«
>
> HENDRIK KOSSMANN, FOTOGRAF

Zutat 5: Disziplin

Disziplin bedeutet: dranbleiben, auch wenn es schwierig wird. In meinen Keynotes ernte ich erstaunte Blicke, wenn ich diese urpreußische Tugend ins Spiel bringe. Vielfach herrscht noch die Hoffnung auf die launische Muse, die irgendwann vorbeikommt und Kreativitätsblockaden mit einem Kuss verschwinden lässt. Sorry, so funktioniert das nicht. Das wissen alle, die kreativ tätig sind: Manchmal muss man sich auch ein bisschen quälen. Das ist wie beim Sport: Du läufst keinen Marathon, ohne schweißtreibend dafür gearbeitet zu haben.

An die eigene Kreativität glauben, tun, was man liebt, neugierig bleiben, sich die Zuversicht bewahren und in mühsamen Phasen dranbleiben – kann es wirklich so einfach sein? Im Grunde ja. Was nicht heißt, dass die Umsetzung immer leicht ist – im Gegenteil: Interessant wird's oft erst, wenn es schwierig wird. Doch es lohnt sich!

3 Hacks für mehr Kreativität

Jedes Kapitel schließt mit Hacks, die dich auf dem Weg zu mehr Kreativität unterstützen. Hier die ersten.

 # Hack 1: Wecke das kreative Kind in dir!

- Welches Tun hast du als Kind besonders geliebt?
- Wann hast du damit aufgehört – und warum?
- Was hindert dich, dort wieder anzuknüpfen und zu schauen, was passiert?

 # Hack 2: Deine Glaubenssätze

- Wie hoch schätzt du dein kreatives Potenzial auf einer Skala von 0 (»gar nicht«) bis 5 (»sehr hoch«) ein?
- Worauf stützt sich deine Einschätzung? Welche Belege hast du dafür?
- Wann hast du deine Kreativität das letzte Mal bewusst ausprobiert?

 # Hack 3: Erprobe deine Kreativität

- Für welche Aufgabe, welchen Bereich schlägt dein Herz?
- Wo würdest du gern etwas zum Besseren verändern?
- Welches Projekt würdest du angehen, wenn du keine Angst hättest?
- Und was hindert dich, damit anzufangen?

2 Leidenschaft: Der Anfang von Kreativität

Allen Menschen, die sich ganz ihrem kreativen Tun verschrieben haben, wird zu Recht »Leidenschaft« unterstellt. Van Gogh malte unverdrossen, obwohl er zu Lebzeiten nur ein einziges Bild verkaufte und auf die Unterstützung seines Bruders angewiesen war.[31] Kafka feilte nächtelang an seinen Texten, obwohl ihm seine Anstellung bei der Arbeiter-Unfallversicherungs-Anstalt in Prag ein komfortables Leben ermöglicht hätte. Leidenschaft lässt uns Anstrengungen unternehmen und Härten erdulden. Sie liefert die unverzichtbare Startenergie für Kreativität. Wer von einer Sache gelangweilt ist, wer sie öde findet, wird kaum kreative Ideen dazu entwickeln, stattdessen kämpft er mit akuter Gehirnleere. Dennoch tue ich mich schwer mit einem oberflächlichen Lob der Leidenschaft, mit dem simplen Appell »Be passionate!«, der gerade im Berufsleben häufig zu hören ist. Das klingt nach Tschakka und verkommt in Wahrheit oft zur Worthülse in Leitbildern und Kick-off-Meetings. Gerade introvertiertere Menschen fühlen sich davon wenig angesprochen. Leidenschaft ist meinem Verständnis nach aber nicht nur extrovertierter Gefühlsüberschwang und nächtlicher Schaffensrausch. Leidenschaft ist auch die stille Hartnäckigkeit, mit der Menschen sich einem bestimmten Ziel verschrieben haben und entschlossen Widerstände überwinden. Auch hier gibt es prominente Beispiele. Greta Thunberg mit ihrer Leidenschaft für den Klimaschutz kommt mir in den Sinn. Sie entwickelte eine neue Protestform, der sich weltweit Millionen Menschen anschlossen. Ein weiterer Grund, sich differenzierter mit dem Phänomen »Leidenschaft« auseinanderzusetzen, ist das Dilemma vieler Menschen, denen die Begeisterung in ihrem Berufsleben irgendwann abhandengekommen ist. Wo ist noch Platz für Leidenschaft zwischen Excel-Charts, Abteilungszielen und Meeting-Marathon?

Tun, was man liebt

»Der erste Schritt zu einem kreativen Leben besteht darin, eine Tätigkeit zu finden, bei der man möglichst man selbst sein kann, ohne sich etwas vorzumachen oder sich verrenken zu müssen«, schreibt der Wissenschaftsjournalist und Bestsellerautor Bas Kast in seinem Buch »KLICK. Das Handwerk der Kreativität«.[32] Kast argumentiert mit prominenten Schulversagern, Studienabbrechern und fast am Leben gescheiterten Existenzen, die spät zu ihrer eigentlichen Berufung fanden: Charles Darwin, der sich erfolglos in den Studiengängen Medizin, Theologie und Mathematik versuchte, bevor die Reise mit der HMS Beagle seine Begeisterung für die biologische Artenvielfalt entfachte. Hans Zimmer, mehrfach Oscar-prämierter Filmkomponist, der von zahlreichen Schulen flog, ehe er auf einem Internat nahe London schließlich seiner Leidenschaft für Musik nachgehen durfte. Oder Raymond Chandler, der als Aushilfslehrer, Reporter, Landarbeiter und Buchhalter in einer Molkerei jobbte, bevor er mit fast 50 Jahren als Krimiautor zu Weltruhm gelangte. Wer seinen Neigungen und Talenten nachgeht, stürzt sich mit Leidenschaft auf sein Feld, wird immer besser, lernt stetig dazu und entwickelt nach und nach kreative Ideen, so die Argumentation. Das funktioniert auch eine Nummer kleiner und ohne dass gleich Weltruhm dabei herausspringen muss: beim Konditor, dessen Kreationen begeistern, ebenso wie beim Lehrer, der es versteht, den Stoff mitreißend zu vermitteln, oder beim Marketer, dessen Kampagnen regelmäßig den Nerv treffen.

»Kunst trägt, Kunst gibt Kraft, Kunst gibt Energie. Wenn du einen Job ausführst und glücklich damit bist, hast du die Chance und Möglichkeit, dich immer weiter zu steigern.«

FRIDA KAPPICH, KUNSTTISCHLERIN – RAHMENMANUFAKTUR

Worin bist du gut? Was fällt dir leicht?

Die eigentliche Schwierigkeit besteht darin, herauszufinden, wo das eigentliche Talent liegt, und dieses mit einer beruflichen Perspektive zu verbinden. Das hat verschiedene Gründe:

- Talent offenbart sich in der Praxis, nicht in der Theorie. Das bedeutet: Dein Talent für etwas entdeckst du beim Tun. Wenn du dich in verschiedenen Feldern ausprobierst, wirst du am ehesten herausfinden, wo deine Begabung liegt. Du merkst das am Feedback der anderen und vor allem daran, dass dir etwas leichter von der Hand geht als anderen. Der Weg dahin kann allerdings lang sein und erfordert Geduld, was unserer Neigung widerspricht, Unsicherheit möglichst zu vermeiden.
- Manchmal lohnt es sich auch, seiner größten Angst zu folgen. Hinter dem Sich-nicht-Trauen steckt vielleicht genau das Talent, welches gelebt werden will.
- Die innere Stimme wird oft übertönt von guten Ratschlägen anderer. Familiäre Vorbilder sowie Empfehlungen und Mahnungen des Umfeldes führen zur Unterdrückung eigener Vorstellungen: »Mit Jura findest du immer einen Job!« »Handwerk hat goldenen Boden.« »Grafikdesign? Kann man davon überhaupt leben?«
- Manchmal ist man blind für das eigene Talent.

Talent führt dazu, dass einem bestimmte Dinge besonders leichtfallen. »Sich selbst Kuchenrezepte ausdenken, die köstlich schmecken – da ist doch nichts dabei!« Unausgesprochen steht im Raum: Das kann doch jeder. Nein, das kann nicht jeder! Dieses Phänomen erlebe ich manchmal sogar in meinem Podcast, wenn eine Restauratorin behauptet, ihre eigenen bemerkenswerten Holzobjekte seien »doch nichts Besonderes« und sie selbst sei »nicht kreativ«.

Glücklicherweise spricht es sich immer mehr herum, dass es sich lohnt, den eigenen Neigungen zu folgen. Die heute 20- oder 30-Jährigen haben weniger Skrupel als frühere Generationen, sich auszuprobieren und Jobs zu kündigen, in denen sie sich fehl am Platze fühlen. Dennoch bleibt lebenslang die Herausforderung, auch nach Umbrüchen und möglichen Krisen ein Metier zu finden, das das eigene Herz schneller schlagen lässt und gleichzeitig zum Broterwerb taugt. Dabei kommt ein Modell namens Ikigai ins Spiel. Dahinter verbirgt sich eine japanische Philosophie, die den Einzelnen darin unterstützen will, seinen Lebenssinn zu entdecken, und seit den Sechzigerjahren in Japan große Popularität gewonnen hat. Der Begriff Ikigai setzt sich zusammen aus »Iki« (Leben) und »Gai« (Wert). Was ist es, wofür es sich für dich zu leben lohnt? Ikigai nähert sich dieser Frage über vier zentrale Punkte:

Wofür würdest du morgens gerne aufstehen?

1. Was du liebst/gerne tust (»Passion«)
2. Was die Welt von dir braucht (»Mission«)
3. Worin du außergewöhnlich gut bist (»Berufung«)
4. Womit du Geld verdienen kannst (»Profession«)

Unter diesen Gesichtspunkten ergeben sich verschiedene Schnittmengen: Passion und Mission sind das, was dir Freude bringt. Mission und Berufung sind das, was dir Bedeutung in der Welt verleiht. Berufung und Profession sichern dein Einkommen, und Passion und Profession machen dein Können aus. Das Ikigai bildet die Schnittmenge aller Kriterien – den Idealzustand, in dem Passion, Mission, Berufung und Profession zur Deckung gelangen. Wer sein Ikigai gefunden hat, liebt, was er tut, ist gut darin und wird immer besser, empfindet sein Tun als sinnvollen Beitrag für die Welt und kann seinen Lebensunterhalt damit bestreiten. Wenn du auf jemanden triffst, der erkennbar für seine Aufgaben brennt, spürst du das sofort. Sein Ikigai strahlt nach außen aus.

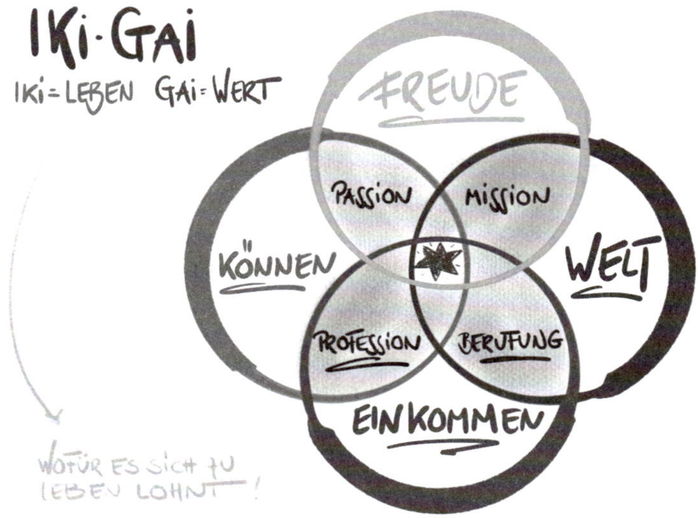

Ausdruck eines erfüllten Lebens: Ikigai

Ich liebe dieses Modell, weil es umfassend und übersichtlich zugleich ist. Es erschöpft sich nicht in der vagen Empfehlung, seinen Träumen zu folgen oder »sein Ding zu machen«, sondern liefert konkrete Anhaltspunkte. Fragen, die man sich auf der Suche nach dem Ikigai stellen kann:

1. **Was du liebst/gerne tust (»Passion«)**
- Wobei vergisst du die Zeit?
- Was hast du schon immer gerne getan?
- Worüber könntest du stundenlang reden?

2. **Was die Welt von dir braucht (»Mission«)**
- Welche Werte möchtest du in die Tat umsetzen?
- Was möchtest du in der Welt bewirken/verändern?
- Für was soll man sich an dich erinnern?

3. **Worin du außergewöhnlich gut bist (»Berufung«)**
- Was fällt dir besonders leicht?
- Wofür bekommst du häufig positives Feedback?
- In welchem Bereich entwickelst du dich weiter, ohne dass du dies als Mühe empfindest?

Womit du Geld verdienen kannst (»Profession«)

- Welcher Beruf passt am besten zu deinen Wünschen und Talenten?
- Könntest du damit auch ohne Festanstellung Einnahmen erzielen (zum Beispiel als Selbstständiger oder nebenberuflich)?
- Lässt sich deine augenblickliche berufliche Situation deinen Wünschen und Talenten besser anpassen?

» *Jeden Tag mache ich irgendetwas oder baue ich was oder denke mir irgendetwas aus. Das ist meine Arbeit, so verdiene ich mein Lebensbrot. Aber auch wenn ich nicht bezahlt würde, ich täte es trotzdem. Ich habe mal gelesen, ›Find a job that you like, and you'll never work a day in your life …‹* «

JOHN GROVES, MUSIKPRODUZENT

Ikigai ist ein pragmatisches Modell – es behält im Blick, dass der Mensch von irgendetwas leben muss. Ich würde mir wünschen, dass dieses Konzept stärker in Schulen, Elternhäusern und Arbeitsagenturen bekannt wird, um junge Menschen bei ihrer Suche nach dem passenden Berufsweg zu unterstützen. Dann gehörten Ratschläge wie »Informatiker werden immer gesucht« und Killerphrasen wie »Archäologie? Das ist doch eine brotlose Kunst!« hoffentlich der Vergangenheit an.

Du darfst dich neu erfinden!

Das eigene Ikigai ist keine starre Größe. Es kann sich in verschiedenen Lebensphasen ändern, etwa beim Renteneintritt, wenn die Kinder ausziehen oder wenn ein Beruf, der lange Zeit als erfüllend empfunden wurde, nicht mehr zu einem passt. Ikigai lässt zu, dass man sich häutet. Ich habe lange Zeit meine Passion fürs Zeichnen und Malen und mein Talent für Gestaltung in meiner Profession als Art-Direktorin und Agenturinhaberin verwirklichen und mit meiner Mission (gutes Produktdesign) verbinden können. Doch nach drei Jahrzehnten hat sich meine Mission verändert: Ich möchte das, was mir so selbstverständlich ist und mein Leben ausmacht – Kreativität –, nun auch anderen zugänglich machen und stärker in Unternehmen verankern. Und das nicht nur im operativen Geschäft durch Kreativitätssprechstunden, sondern auch durch das Coaching von Entrepreneuren und Managern, die das Potenzial der Kreativität für sich und ihr Unternehmen entdecken wollen.

Lieben, was man tut

Als Kreativ-Dienstleisterin bin ich ihnen im Laufe der Jahrzehnte immer wieder begegnet: früheren High Potentials, die einmal für ihren Job brannten und nun mit 52 oder 56 Jahren nur noch »bis zur Rente durchhalten« wollen. Im Klartext bedeutet das fünf, zehn oder sogar mehr Jahre in der inneren Immigration. Jahre, in denen man im Job auf Nummer sicher geht und möglichst nicht anecken will. Jahre, in denen man morgens aufsteht, weil der Kühlschrank gefüllt, das Haus finanziert und der Reitunterricht für den Nachwuchs bezahlt werden muss, nicht etwa, weil der Job noch Freude macht. Von Leidenschaft keine Spur mehr. In den Marketingabteilungen der Unternehmen (bei den »Kreativen«, wie sie hausintern oft genannt werden) ist dieses Phänomen mindestens ebenso verbreitet wie anderswo. Mich überrascht das nicht. Ein Job im Marketing ist geprägt von Zeit- und Erfolgsdruck, Strategiewechseln auf Top-Level, von denen man oft erst in letzter Sekunde erfährt, und von nicht enden wollenden Diskussionen, bei denen auch die mitreden, die weder von Design noch von Marketing etwas verstehen. In meiner New Yorker Zeit erzählte mir eine bekannte Designerin mal, sie habe durch einen spontanen Geistesblitz nur fünf Minuten gebraucht, um das neue Logo einer internationalen Großbank zu scribbeln. Es »ins Unternehmen reinzuverkaufen« habe dann noch einmal fünf Jahre gedauert. Nicht ungewöhnlich ist auch, dass man mit viel Recherche – Kundenbefragung inklusive –, mit gestalterischer Verve und hohem Zeitaufwand eine Verpackungslinie entworfen hat, die supergut ankommt: bis der Unternehmenschef sie abschließend am Esstisch der Gattin gezeigt hat und es danach heißt: »Meine Frau mag aber kein Blau!« Und schon muss alles umgemodelt werden, Marktforschung hin oder her.

Aus Leidenschaft für den Job wird so auf Dauer Lethargie, ein Leben auf Sparflamme oder ein Leben, das nur in der knapp bemessenen Freiheit lebenswert scheint. Selten spricht das jemand offen aus, aber man merkt es als Gegenüber am vorsichtigen Taktieren, an einer gewissen Absicherungsmentalität und an einer untergründigen Gleichgültigkeit gegenüber kreativen Arbeitsergebnissen, die erst mal dem Gremium X oder dem Entscheidungsträger Y vorgelegt werden müssen, bevor man eine Meinung dazu äußert. Mir ist natürlich bewusst, dass Unternehmen Apparate sind, in denen wirtschaftlicher Druck herrscht und verschiedene Interessen aufeinanderprallen. Sie sind nicht in allererster Linie eine Spielwiese für Kreative. Doch wenn Kreativität im Keim erstickt wird, steht irgendwann auch das Unternehmen auf der Kippe, weil es an Innovationen mangelt und die bleierne Maxime regiert: »Das haben wir schon immer so gemacht!« Die Reihe einstiger Marktführer, die in der Versenkung verschwanden, weil der Zug der Zeit an ihnen vorbeifuhr, ist lang: Grundig, Quelle, Kodak, Minolta, Zündapp, Nokia, Schlecker, Karstadt, um nur einige zu nennen. Nokia hielt das Smartphone für überschätzt, Kodak die Digitalkamera, Quelle den Onlinehandel. Wer nicht mit der Zeit geht, geht mit der Zeit, wie es so schön und richtig heißt.

Lethargie statt Leidenschaft?

Leidenschaftslosigkeit oder gar der berüchtigte Dienst nach Vorschrift ist deswegen der Feind der Kreativität und Innovativität, weil Leidenschaft – eine starke emotionale Identifikation mit einem Ziel – die beste Ausrüstung dafür ist, mutig neue Wege zu gehen und die Härten zu ertragen, die jedes ambitionierte Ziel im Schlepptau mit sich führt. Mein Schlüsselerlebnis dazu hatte ich mit Ende 20. Als ich 18 Jahre alt war, träumte ich davon, eine Zeit lang in New York zu leben. Dann kamen Ausbildung, Studium, Jobs. Mit 28 arbeitete ich in einer Agentur und verdiente inzwischen mehr als mein Vater. Eines Abends, ich hatte gerade meine Stieftochter, die ein Jahr in den Staaten verbringen würde, zum Flughafen gebracht, rief mich ein Freund an. Er erzählte von einer Bekannten, die mit einem Stipendium der Carl Duisberg Gesellschaft ein Jahr lang in den USA arbeitete. Ich wurde hellhörig:

Leidenschaft ist ein Energieturbo.

Stipendium? Mit Ende 20??! Ich bewarb mich sofort und hatte Erfolg. Voraussetzung war allerdings, einen Arbeitsplatz in New York nachzuweisen, denn das Stipendium war überschaubar. Ich machte mich auf die Suche und wurde zu einem Vorstellungsgespräch in einer New Yorker Designagentur eingeladen. Ich flog also hin – nur um dort zu erfahren, dass der zuständige Creative Director gerade nach Hamburg geflogen sei. Ich wurde vertröstet: »Wir rufen Sie an!«

Leidenschaftliche Hartnäckigkeit führt zum Ziel.

Nachdem ich zwei Tage lang in meinem Hotelzimmer das Telefon angestarrt hatte (wir befanden uns in der Vor-Handy-Zeit), setzte ich mich kurz entschlossen in die Lobby der Agentur. »Ich warte auf jemanden!«, erklärte ich der sichtlich irritierten Empfangsdame. Endlich, nach anderthalb oder zwei Stunden, betrat jemand das Gebäude, der anders, europäischer aussah. Ich sprach den Herrn an, ob er der (deutsche) Geschäftsführer der Agentur sei, und hatte Glück. Nach der Schilderung meines Dilemmas gab er mir »Fünf Minuten«, um meine Mappe mit Arbeitsproben zu präsentieren, während er sein Sushi aß. Am Ende hieß es lapidar: »Sie haben den Job.« Eine filmreife Szene, nur leider ohne Happy End. Zwei Wochen später rief mich in Deutschland jemand von der Agentur an und überbrachte die schlechte Nachricht: »Wir haben den Job doch anderweitig vergeben.« Wie betäubt saß ich mit dem Hörer in der Hand da. Dann erwachte mein Kampfgeist: Jetzt erst recht!

In den folgenden drei Tagen rief ich buchstäblich jeden an, den ich kannte, ob wir viel oder wenig miteinander zu tun gehabt hatten, ob ich ihn mochte oder nicht. Ich telefonierte mit Bekannten von Bekannten und Freunden von Freunden. Am Ende gab mir jemand zwei Adressen von deutschen Fotografen, die in den Staaten arbeiteten. Der erste verstand überhaupt nicht, was ich von ihm wollte. Danach sprach ich mit einer Frau, einer Modefotografin, die mein Anliegen sofort begriff. Sie empfahl mich an eine Designagentur in New York, die Interesse hatte und mir die ersehnte Unterschrift auf dem Bewerbungsformular der Stiftung gab. Die Abgabefrist dort konnte ich zuvor glücklicherweise verlängern lassen. Und bei der Designagentur arbeitete ich dann auch tatsächlich in meinem bis heute unvergesslichen New Yorker Jahr.

Ich musste raus aus meiner Komfortzone und »all in« gehen, um mein Ziel zu erreichen. Ohne Leidenschaft für die Sache hätte ich niemals die Kraft, die Hartnäckigkeit und den Mut dazu aufgebracht. Im Nachhinein fügte sich alles zum Guten. Aber das konnte ich damals ebenso wenig vorhersehen wie später den Ausgang zahlreicher anspruchsvoller Kreativprojekte. Was ich damit sagen will: Kreativität braucht Mut und Zuversicht. Wem alles egal ist, der legt sich weder besonders ins Zeug, noch ist er bereit, etwas zu riskieren, um seine Ideen durchzusetzen. Kreativität braucht Leidenschaft.

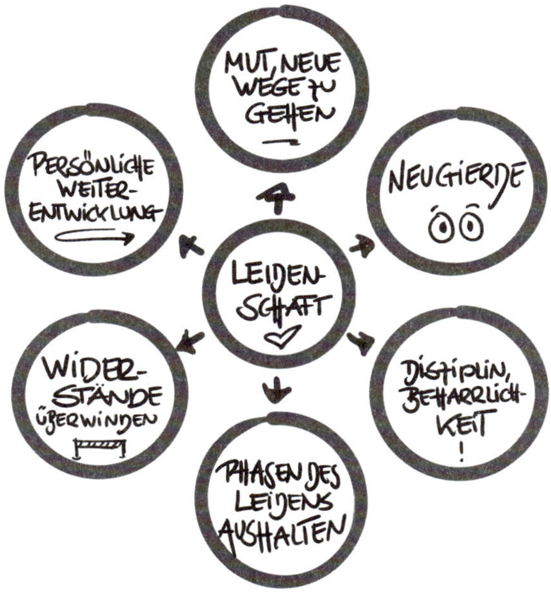

Leidenschaft – und was sie bewirkt

Das Feuer neu entfachen?

Das wirft unweigerlich die Frage auf, ob und wie man seine Leidenschaft für eine Sache wieder entfachen kann, wenn sie einmal erloschen ist. Mir fällt dazu eine andere Erfahrung ein, diesmal aus meinen Kindertagen. Bei uns zu Hause führte mein Vater wie gesagt ein strenges

Regiment, Taschengeld war knapp bemessen. Für meine kreativen Fluchten aus der häuslichen Tristesse brauchte ich aber Geld – Geld für Farben, Blöcke, Bastelmaterial und Ähnliches. Mit elf oder zwölf Jahren bot sich mir die Chance, an unserem Wohnort eine kostenlose Wochenzeitschrift auszutragen. Dafür gab es ein paar Mark, was ich großartig fand. Weniger toll fand ich die Arbeit an sich. Mit dem Fahrrad war ich einen ganzen Nachmittag unterwegs, Hügel rauf, Hügel runter, und wenn es nicht gerade regnete, war es kalt und nebelig. Ich war mürrisch, stopfte die Zeitung in die Briefkästen und traf gelegentlich auf Kunden, die auch nicht besonders freundlich waren. Am liebsten hätte ich hingeschmissen. Dann kam mir eine Idee: »Ich mach das mal, als ob ich den Leuten einen Blumenstrauß bringe!« Ab sofort klingelte ich, und wenn jemand öffnete, sagte ich mit strahlendem Lächeln: »Ich bringe Ihnen Ihre Zeitung!« Plötzlich blickte ich nur noch in lächelnde Gesichter, und es gab sogar das eine oder andere Trinkgeld. Auf einmal machte die Arbeit Spaß, und nicht nur, weil ich mit ein paar Mark mehr nach Hause fuhr. Ich hatte zwei wichtige Lektionen gelernt:

- Erstens: Selbst, wenn man die Dinge nicht ändern kann (oder will), kann man immer noch seine Einstellung zu den Dingen ändern.
- Zweitens: Wie die Welt mir begegnet, hängt auch davon ab, wie ich der Welt begegne.

»Ich bin immer meinen Fragen gefolgt, und manchmal war es grausig hart, wenn man zum dritten Mal etwas versucht und es dann nicht schafft, und man sieht den neuen Weg noch nicht. Aber ich wusste, da wird ein neuer Weg kommen. Ich konnte nicht anders, ich konnte nicht zurück. Ich konnte nur weiter, und im Weiter hat sich dann irgendwann alles ergänzt.«

HELGE HELLBERG, EXECUTIVE COACH

Du hörst das sicher nicht zum ersten Mal, und vielleicht findest du es banal. Doch wie alle wirklich wichtigen Wahrheiten im Leben ist auch diese Einsicht vergleichsweise einfach (einfach gesagt, aber weniger einfach in eigenes Handeln zu übersetzen!): Du kannst niemanden ändern außer dich selbst. Wenn du beklagst, dass dein Job dir zu wenig kreative Möglichkeiten bietet, zieh dich nicht zurück, sondern lote aus, ob nicht doch mehr machbar ist. Nimm dir nicht gleich die dicken Pflöcke vor, sondern fang mit ein paar dünnen an. Manchmal ist der Fortschritt eben eine Schnecke. Trotzdem: Investiere deine Energie lieber in kreative Ideen als ins Nörgeln. Jammern frisst genauso viel Energie, macht aber weniger Spaß. Mit etwas Geduld hast du durch neues Engagement und Ideen die Chance, deine Aufgabe (wieder) mit mehr Leidenschaft auszufüllen. Und solltest du immer wieder gegen Mauern rennen, bist du vielleicht wirklich am falschen Platz. Dann kannst du immer noch entscheiden, ob du deine Kreativität außerhalb von Büro oder Werkshalle ausleben oder dir doch lieber einen neuen Job suchen willst. Unterm Strich läuft also alles darauf hinaus, Selbstverantwortung zu übernehmen und das eigene Leben zu gestalten, statt sich zum wehleidigen Opfer der »Verhältnisse« zu machen. Denn mit den Verhältnissen ist es wie mit dem nervigen Stau auf der Autobahn: Wir selbst sind immer ein Teil davon.

Du kannst niemanden ändern außer dich selbst.

Best Buddy: Die Neugier

Was mir im Laufe der Jahre und auch in meinem Podcast »Code of Creativity« immer wieder aufgefallen ist: Kreativ tätige Menschen sind vielfältig interessiert an dem, was sie umgibt. Dabei handelt es sich manchmal um eine allgemeine »Lebensneugier«. Solche Menschen interessieren sich für neue Sportarten, neue Gerichte, neue Menschen. Sie gehen mongolisch essen, probieren Trailrunning aus und sind gespannt, wie es sich anfühlt, ein Museum im Stockdunkeln zu besuchen. Studien zum Persönlichkeitsprofil kreativer Menschen sprechen hier von »Offenheit für neue Erfahrungen«.[33] Ich denke, bewusst oder unbewusst sammeln manche Menschen, die ihre Kreativität ausleben (oder von ihrer Kreativität leben), auf diese Weise

Material und Anregungen für ihre eigenen Ideen. Andere Kreative konzentrieren ihre Neugier stärker auf ihr eigenes Fachgebiet, wollen ganz genau wissen, was hinter bestimmten Phänomenen steckt, welche Innovationen es gibt und ob sich ein Problem nicht auch ganz anders lösen lässt. Sie tauchen dort tiefer, wo für andere schon alles klar ist, und kommen auf diese Weise auf neue Ideen.

Neugier macht erfolgreich.

Neugier als »Gier nach dem Neuem« ist der natürliche Verbündete der Kreativität, die ja ebenfalls nach neuen Ideen und neuen Lösungen strebt. Während Leidenschaft die Startenergie liefert, sorgt ein neugieriges Naturell kontinuierlich für weiteren Brennstoff. Als Kinder sind wir alle neugierig. So erobern wir schließlich nach und nach die Welt. Leider machen wir damit nicht nur gute Erfahrungen: »Sei doch nicht so neugierig!« ist ein Klassiker am Küchentisch. Dabei sollten Eltern eher ermuntern: »Bleib bitte neugierig!«, wenn sie ihre Kinder gut auf das Leben vorbereiten wollen. »Neugier ist eine treibende Kraft für die Entwicklung in der Kindheit, für Lernprozesse sowie für intellektuelle Leistungen und beruflichen Erfolg«, schreibt Patrick Mussel, der einen Lehrstuhl für Persönlichkeitspsychologie und Psychologische Diagnostik an der FU Berlin bekleidet. Er hat einen Test entwickelt, mit dem sich der Grad der Neugier von Mitarbeitern messen lässt, die »Work-Related Curiosity Scale«. Auf einer siebenstufigen Skala von »trifft überhaupt nicht zu« bis »trifft vollständig zu« beantwortet der Proband darin zehn Fragen wie zum Beispiel »An praktischen Lösungen interessiert mich auch die dahinterstehende Theorie«, »Ich habe Spaß am Tüfteln und Denken« oder »Ich durchdenke ein Problem so lange, bis ich es gelöst habe«. Je neugieriger eine Person ist, desto erfolgreicher wird sie mit hoher Wahrscheinlichkeit im Beruf sein[34] – außer vielleicht in Unternehmen, in denen sich partout nichts ändern soll.

»In Sachen Kreativität gilt das alte Computerprinzip, Input führt zu Output. Wenn ich vor lauter Arbeiten gar nichts mehr erlebe, keine Inspirationen einsauge, dann kann irgendwann auch nichts mehr rauskommen. Dann bin ich wie eine Zitrone ausgequetscht, und dann kommt nichts mehr raus.«

CONNY WAGNER, GESCHÄFTSFÜHRERIN
SAINT BRAND GMBH

Mehr Impulse bringen mehr Ideen.

Carl Naughton dürfte das nicht überraschen. Der Linguist und Pädagogische Psychologe hat ein Buch über die Neugier geschrieben und sich dafür durch zahlreiche Studien und Verhaltensexperimente gewühlt. Offenbar war er sehr neugierig darauf, was es mit der Neugier auf sich hat. Sein Fazit: »Die Neugier ist ein gefälliger, sehr nützlicher und dabei selbstregulierender Mechanismus zur intrinsischen Zielerreichung, der das Durchhalten enorm erleichtert und eben in der Folge zu erhöhter Kreativität und besseren Ergebnissen führt.« Einfacher gesagt: Wer auf etwas neugierig ist, will's wirklich wissen, bleibt am Ball und findet deshalb eher kreative Lösungen. Verstärkt wird das dadurch, dass Neugierige zwangsläufig mehr Infos und Anregungen aufsaugen und dadurch auch eher auf neue Ideen kommen. »Unsere Ideen werden besser, weil wir mehr Ahnung haben«, so Naughton kurz und bündig.[35] Wie schon gesagt: Erfahrung kann beides sein – in der zementierten Form des »Das haben wir schon immer so gemacht« erstickt sie die Kreativität, in fluider Ausprägung des »Oh, wie interessant, da will ich mehr wissen« befeuert sie die Kreativität. Es macht eben einen Unterschied, ob ich mit Scheuklappen oder Schmetterlingsnetz unterwegs bin.

Neugierig bleiben

Was kannst du tun, wenn dir die Neugier im Laufe der Jahre abhandengekommen ist? Musst du jetzt mongolisch essen gehen und als Trailrunner durch den Wald brettern? Nicht zwangsläufig, auch wenn beides eine interessante Erfahrung sein könnte. Es klang schon an: Es gibt verschiedene Formen der Neugierde. Patrick Mussel unterscheidet wissensbezogene (»epistemische«) Neugier, »interpersonelle« Neugier (Interesse an anderen Menschen) und »perzeptuelle« Neugier (Interesse an neuen Erfahrungen). Im letzten Fall ist in der Psychologie auch von »sensation-seeking« die Rede. Extremfälle sind Menschen, die immer wieder außergewöhnliche Erfahrungen suchen, vom Marathon in der libyschen Wüste bis zum Fallschirmsprung aus eisiger Höhe. In der technischen Entwicklungsabteilung eines Unternehmens ist die wissensbezogene Neugier vermutlich nützlicher und verbreiteter, beim Eventmanager vielleicht die erfahrungsbezogene. Einen Bereich, in dem die interpersonelle Neugier nicht von Nutzen ist, kann ich mir allerdings schwer vorstellen. Der Austausch mit Menschen auch außerhalb unserer eigenen Blase kann ein wunderbarer Ideen-Booster sein.

Wie du deine Neugier wachkitzelst

Hier ein paar Anregungen, wie du deiner Neugier wieder auf die Sprünge helfen kannst:

- Geh deiner Zurückhaltung auf den Grund: Gibt es Glaubenssätze, die deinen Wissens- und Erfahrungsdurst bremsen? Glaubenssätze sind tief verwurzelte Überzeugungen, die im Elternhaus vorgelebt oder uns von anderen Autoritäten eingepflanzt wurden. Wenn wir sie nicht hinterfragen, steuern sie unser Denken und Handeln lebenslang und engen unseren Erfahrungsspielraum ein. Beispiele: »Schuster, bleib bei deinen Leisten«, »Was ich nicht weiß, macht mich nicht heiß«, »Wer den Kopf hochstreckt, bekommt ihn sowieso nur abgehackt!« *Frag dich:* Welche konkreten Belege hast du dafür, dass deine Überzeugung stimmt? Was kostet es dich, so zu denken? Und was könnte sich für dich positiv ändern, wenn du diesen Gedanken nicht mehr denkst?

- Beobachte dich selbst: Neigst du zu schnellen Urteilen? Sagst du häufig Sätze wie »X ist doch völlig klar!« oder »Bewährt hat sich hier ...«. Klar, das signalisiert Durchblick und Tatkraft. Manchmal lohnt es sich aber, eine extra Schleife zu drehen, denn der Grat zwischen der Souveränität des alten Hasen und Betriebsblindheit ist schmal.
  Frag dich: Gibt es möglicherweise eine Lösung, an die du noch nicht gedacht hast? Was hast du zu verlieren, wenn du einem neuen Ansatz eine Chance gibst? Wie sehen andere im Team die fragliche Aufgabe?
- Nur wer offen fragt, erfährt auch mal was Neues. Interessiere dich für Ansichten und Einsichten anderer. Stell Ihnen Fragen, statt nur selbst auf Sendung zu sein.
  Beispiele: »Wie siehst du X?«, »Welche Erfahrung hast du mit Y gemacht?«, »Was hat dich bewogen, Z zu tun?« Und lass das auch mal auf dich wirken, bevor du deinen Senf dazugibst.

Die Feinde der Neugier sind Besserwisserei, Trägheit und Gewohnheit. Verlasse bewusst regelmäßig ausgetretene Pfade. Umgib dich auch mit Menschen, die anders ticken als du. Lass dich von ihnen anregen, Dinge auch mal anders zu betrachten oder etwas Neues auszuprobieren. Kurz: Bleib neugierig. Es macht das Leben spannender und hält beweglich im Kopf!

3 Hacks für mehr Leidenschaft

 # Hack 1: Wähle deine Einstellung

- Die Entscheidungen, die du fällst, das Commitment, das du dir gibst, beides definiert dein Leben. Also wähle deine Einstellung sorgfältig! Mach dich weder zum Opfer deiner Stimmungen noch zum Opfer der Launen anderer. Du bist nicht nur für dein Handeln oder Nichthandeln verantwortlich, sondern auch für das, was sich in deinem Kopf abspielt. Du kannst deine Gedanken steuern. Beginne am besten damit, Stoppschilder fürs Hadern, Nörgeln und Jammern zu errichten. Ändere, was sich ändern lässt, und vergiss den Rest.

 # Hack 2: Lachen statt Lethargie

- »Humor ist der Knopf, der verhindert, dass uns der Kragen platzt«, meinte Joachim Ringelnatz. Du hast immer die Wahl: Willst du dich ärgern über die Absurditäten des Berufsalltags, oder lachst du darüber? Lachen ist ein super Ventil, es befreit und hilft dir, wieder mit Verve an die Arbeit zu gehen. Sorg dafür, dass es in deinem Umfeld Menschen gibt, mit denen du herzlich lachen kannst.

 # Hack 3: Verbündete suchen

- Wenn du Ideen umsetzen und so wieder mehr Spaß im Job haben willst, geht das am besten mit Verbündeten. Vermutlich bis du nicht der Einzige, der unter dem Status quo leidet. Und wenn du dein Projekt am Ende doch im Alleingang durchsetzen musst, umgib dich wenigstens mit positiven Menschen. Meide diejenigen, die in jeder Suppe ein Haar finden und permanent nörgeln. Solche Menschen entlasten sich mit ihrer Jammerei auf deine Kosten. Einen Kantinentisch weiter geht es vielleicht deutlich positiver zu.

3 Stärke: Die Unsicherheit schätzen lernen

»Wie kommst du nur auf deine Ideen!?« Diese Frage habe ich mir selbst eigentlich nie gestellt. Irgendwann sind die Ideen eben da. Diese Frage kam aber wiederholt auch von anderen Personen, und so ging ich ihr schließlich nach. Dabei fiel mir eine Sache auf, die immer eine Rolle gespielt hat und spielt, wenn ich Ideen und Lösungen mit Designern und Kunden kreiere. Es ist die Stärke, Unsicherheit auszuhalten. Unsicherheit ist das unvermeidliche Übergangsstadium zwischen dem Bisherigen, das wir hinter uns lassen wollen, und dem Neuen, das wir anstreben. Ohne Unsicherheit keine Kreativität. Die kreative Idee ist dann die beglückende Auflösung der zuvor erlebten Unsicherheit.

Das Tal der Tränen

Die meisten Menschen mögen Unsicherheit nicht, sie bevorzugen den sicheren Hafen des Vertrauten, erst recht im Beruf, wo es um Einkommen, Anerkennung und Karriere geht. Wer sich auf unsicheres Terrain begibt, erlebt das in der Regel als Kontrollverlust. Wohin wird ihn das führen? Lieber die rasche Lösung, auch wenn sie nicht optimal ist, als eine längere Durststrecke des Grübelns und Probierens mit offenem Ausgang aushalten. Das ist schade, denn es bleibt dabei: Die Basis von Kreativität ist Verunsicherung. Kreativität beginnt mit »Chaos im Kopf«, mit geistiger Entropie. Wäre es leicht, neue Ideen zu haben, würde niemand Bücher darüber schreiben, und es gäbe weder Kreativitätsseminare noch den Wunsch nach funktionierenden »Kreativitätstechniken«.

Die Basis von Kreativität ist Verunsicherung.

Mittendrin im kreativen Prozess, in der »Unsicherheitsphase«, fällt es manchmal schwer, einen klaren Gedanken zu fassen. Mal hast du zu viele Ideen gleichzeitig im Kopf, mal gar keine. Zeitweise hast du das Gefühl, auf der Stelle zu treten. Oder du spürst, da ist eine Idee zum Greifen nahe, aber sie lässt sich einfach nicht fassen. Dann wieder poppt ein »genialer« Gedanke hoch, hurra! Und gleich darauf die Ernüchterung: Nein, so geht es doch nicht. Dass einem eine kreative Lösung schnell und mühelos zufliegt, bleibt die große Ausnahme. In der Regel dehnt sich ein Meer von Möglichkeiten vor einem aus, in dem man nach guten Ideen fischt. Das kannst du beängstigend finden – oder befreiend. Unsicherheit kann Panik auslösen oder Begeisterung. Panik lähmt, Begeisterung beflügelt. Wer kreativ sein möchte, wählt am besten die Begeisterung – Begeisterung darüber, nach neuen Ideen suchen zu dürfen und so etwas Neues in die Welt zu bringen.

» *Für mich bedeutet Kreativität Momente grenzenloser Gedankenfreiheit im Kopf in Kombination mit Fantasie. Da entstehen bei mir Gedanken und Bilder wie Seifenblasen. Manche von denen zerplatzen, und manche werden immer größer und bunter. Die kann ich dann wie einen Schatz in meine Werkstatt tragen.* «

ULRIKE UHL, ILLUSTRATORIN, TISCHLERIN, KÜNSTLERIN

Wie du dich mit Unsicherheit anfreunden kannst

»Die Unsicherheit schätzen lernen«, »Begeisterung wählen«, das sagt sich leicht. Wenn du zu den Menschen gehörst, die von Natur aus eher ungern mit offenen Situationen umgehen, fragst du dich vermutlich, wie dir das gelingen kann. Hier einige Anregungen:

1. **Akzeptanz:** Das Tal der Tränen gehört zum kreativen Prozess dazu wie die Dornen zur Rose. Jeder, der etwas Neues schaffen will, kennt Momente der Ratlosigkeit, der Selbstzweifel und des Frustes. Das gilt für Maler, Musiker, Bildhauer, Designer, Erfinder, Wissenschaftler, Architekten, Texter ... Diese Unsicherheit ist kein Unvermögen, sondern ein produktiver Übergangszustand. »Nichts Hohes erreicht der Künstler, der nicht an sich selber zweifelt«, sagte kein Geringerer als Leonardo da Vinci. Salopp gesagt: Nur Dummköpfe sind permanent von sich selbst begeistert.
2. **Ein ausgeruhter Geist:** Verschiedene psychologische Studien haben sich damit beschäftigt, welche Rahmenbedingungen Kreativität fördern. Heraus kam (für mich wenig überraschend), dass genügend Schlaf, Bewegung und positive Gestimmtheit die Entwicklung von neuen Ideen fördern.[36] Je fitter du dich fühlst, desto ausgeprägter deine Kreativität! Achte dabei auch auf deinen Biorhythmus. Wenn morgens deine produktivste Zeit ist, solltest du sie nicht an Routineaufgaben verschwenden.
3. **Abschied vom Perfektionismus:** Eine Idee muss nicht perfekt sein, um zu Papier gebracht zu werden. »Die beste Methode, eine gute Idee zu bekommen, ist, viele Ideen zu haben!«, empfahl der Chemiker und zweifache Nobelpreisträger Linus Pauling. Gleich

im ersten Anlauf den großen Wurf landen zu wollen, das blockiert nur. Nimm dir die Freiheit, deine Gedanken wandern zu lassen. Sammele geduldig das Material, aus dem du dann etwas machen kannst.

4. **Schreibdenken:** Das Aufschreiben ist eine gute Methode, seine Gedanken zu ordnen. Ich schwöre dabei auf das Notieren per Hand. Neurowissenschaftler bestärken mich in dieser Vorliebe: Studien deuten darauf hin, dass wir komplexe Informationen mit Stift und Block besser verarbeiten als beim Tippen am Laptop. Das hängt unter anderem damit zusammen, dass das Schreiben mit der Hand unwillkürlich das Tempo drosselt und dass dabei mehr Gehirnregionen involviert sind als beim Tippen.[37]
5. **Zuversicht:** Bleib zuversichtlich, dass dir eine Lösung einfallen wird, auch wenn du momentan komplett feststeckst. Leg dann am besten die mentale Brechstange zur Seite und entspanne dich, ob unter der Dusche oder beim Spazierengehen. Dein Gehirn wird weiter an der Lösung arbeiten, auch wenn du es gar nicht bemerkst. Mehr über diesen tröstlichen Effekt erfährst du im übernächsten Abschnitt »Dein Gehirn schläft nie«.

Je häufiger du das Tal der Tränen durchschritten hast, um am Ende doch auf kreative Ideen zu kommen, desto gelassener wirst du dich kreativen Herausforderungen stellen. Doch ganz verschwinden wird die Unsicherheit nie, und das ist auch gar nicht wünschenswert. Denn das bohrende Gefühl des Noch-nicht-am-Ziel-Seins ist zugleich ein wirksamer Antreiber im kreativen Prozess.

Kreativität schafft Ordnung

Beinahe jeder kennt das Nietzsche-Zitat »Man muss noch Chaos in sich haben, um einen tanzenden Stern zu gebären«. Es klingt irgendwie cool und anarchisch und ist vermutlich deswegen so beliebt. Dabei drückt Friedrich Nietzsche in »Also sprach Zarathustra« eine schöpferische Wahrheit aus, die heute von Psychologen und Neurowissenschaftlern bestätigt wird. Ob künstlerisches Schaffen oder Ideenfindung im Alltag: Am Anfang befindet sich der Mensch im eben beschriebenen Zustand der Verunsicherung und potenziellen Überforderung. Es herrscht Chaos im Kopf, ein Wirrwarr unzusammenhängender Gedanken – physikalisch gesprochen: hohe Entropie. Kreativität befähigt dazu, diese Entropie zu verringern, indem durch unvorhergesehene, neue Verknüpfungen etwas Neues, eine unvermutete Lösung entsteht. Man könnte also sagen: Das anfängliche Chaos ist das Baumaterial für neue Ideen, für Nietzsches sternengleich leuchtendes Ergebnis.

Gebändigtes Chaos macht glücklich.

Beispielhaft verdeutlichen lässt sich das am Schreiben eines Sonetts. Zu Beginn gibt es für den Schreibenden eine verwirrende Vielzahl von Möglichkeiten, Worten, Metaphern, Reimen – ein hohes Maß an »Unordnung« oder Entropie. Nach und nach fügt sich das Wortmaterial im Geiste des Dichters zu einer durchkomponierten Form mit Versmaß und Reimschema. Die Unordnung ist Ordnung gewichen, die Entropie gebändigt. Ihrem Schöpfer beschert diese Erfahrung das Glücksgefühl des Gelingens. Das gilt für das Schreiben eines Gedichts ebenso wie für die durchdachte Inneneinrichtung eines Raumes, das Designen einer Verpackung oder die Entwicklung eines zündenden Werbeslogans: Aus anfänglichem Chaos wird eine (neue) Ordnung. Das Chaos ist eine notwendige Vorstufe der neuen Idee und erklärt, warum Unternehmen so oft mit der Kreativität fremdeln: Chaos und Unvorhersehbarkeit sind dort nicht beliebt. Der Psychologe und Physiker Karl Hosang beschreibt Kreativität in diesem Zusammenhang als »Fähigkeit, Reize auf neuartige Art und Weise zu verarbeiten«. Der Mensch als lebendiges System greife auf Kreativität zurück, »um die innere Entropie so gering wie möglich werden zu lassen«, Unordnung in Ordnung zu überführen. Dabei probiert er neue Verhaltensweisen aus. Ist er am Ende erfolgreich, hat er das Repertoire seiner zukünftigen Handlungsmöglichkeiten erweitert, sich also persönlich weiterentwickelt.[38] Daraus resultiert ein tiefes Gefühl innerer Befriedigung. Vermutlich ist der Dopamin-Spiegel selten höher als bei Erreichung eines kreativen Ergebnisses, bei dem du dir sicher bist: »Ja, genau das ist es, was ich gesucht habe!«

Neuronale Netze und naheliegende Ideen

Bleibt die Frage, was es konkret mit der beschriebenen neuartigen Verarbeitung von Reizen auf sich hat. Ein wesentlicher Aspekt dabei ist, Ideen miteinander in Verbindung zu bringen, die zuvor noch nicht in einem Zusammenhang gedacht wurden. Kreativität ist niemals komplett voraussetzungslos. Der Kopf kann nur mit den Bildern, Ideen und Konzepten arbeiten, die da schon drin sind. Der geniale Geistesblitz besteht darin, daraus etwas Neues zu bauen. Sehr erhellend war in diesem Zusammenhang mein Podcast-Interview mit Dr. Julia Gumula, die zum Thema Kreativität promoviert hat. Sie habe sich als Studentin lange Zeit gewundert, was ihr Professor mit seinem Standard-Ratschlag für kreative Problemlösungen gemeint habe: »Niemals den direkten Weg gehen!« Erst bei ihrer eigenen Forschungsarbeit zum Thema sei ihr klar geworden, dass neue Ideen häufig auf »semantisch-kognitiven Sprüngen« basierten – darauf, dass bisher unverbundene Konzepte zu einem neuen Ganzen kombiniert würden. Zum besseren Verständnis muss man wissen, dass Neurologen von einer netzartigen neuronalen Organisation unseres Wissens ausgehen. Konzepte sind im Gehirn nicht isoliert in verschiedenen Schubladen abgespeichert, sondern entsprechend unserer Erfahrung mit der Welt miteinander verknüpft. Wenn wir denken, verläuft die neuronale Aktivierungsausbreitung im Gehirn entlang dieser Netze. Deswegen assoziieren wir zum Beispiel bei einem ähnlichen Erfahrungshintergrund Ähnliches zu einem Begriff wie »Sonnenblume«. Machen wir die Probe aufs Exempel: Was fällt dir spontan zur Sonnenblume ein?

Was Spaghetti-Eis und Klettverschluss gemeinsam haben

Wenn du gerade an Begriffe wie »gelb«, »Feld« oder »van Gogh« gedacht hast, vielleicht auch »Öl«, »Sonnenblumenkerne« oder »Sommer«, bist du in großer Gesellschaft. Erweitert sich unser Weltwissen, werden neue Verbindungen geknüpft. So waren die Assoziationen zum Begriff »Maske« 2019 vermutlich andere als heute nach der COVID-Pandemie. Etwas wirklich Neues – eine kreative Idee – entsteht, wenn neuronal weiter auseinanderliegende Konzepte miteinander verknüpft werden. Der Erfinder des Klettverschlusses beispielsweise, Georges de Mestral, ärgerte sich nicht über die Kletten, die er nach einem Spaziergang mühsam aus dem Fell seines Hundes pulen musste, sondern fragte sich, ob man das Bauprinzip dieser anhänglichen Pflanze nicht auch als Kleidungsverschluss nutzen könnte. Johannes Gutenberg ließ sich von Münzprägung auf der einen und mechanischer Weinpresse auf der anderen Seite vermutlich zum Buchdruck mit beweglichen Lettern inspirieren. Und ein seit Jahrzehnten beliebter Dauerbrenner jeder Eisdiele, das Spaghetti-Eis, entstand, als ein junger, in Mannheim lebender Italiener auf die Idee kam, Eis nicht nur als Kugel zu portionieren, sondern durch eine Spätzlepresse zu drücken und mit Erdbeersauce als Tomatenersatz sowie »Parmesan«-Streuseln aus weißer Schokolade zu servieren.[39] Julia Gumula spricht in diesem Zusammenhang von »semantisch-kognitiven Sprüngen«: Semantische (bedeutungstragende) Konzepte, die im Gehirn bisher nicht verknüpft waren, werden dabei im Kopf kombiniert. Wer kommt schon auf die Idee, Eis durch eine Nudelpresse zu drücken?

> »*Menschen haben das noch nicht so gedacht. Und wenn wir etwas denken, das noch niemand so gedacht hat, ist das eine originelle Idee. Das liegt an der Aktivierungsausbreitung im Gehirn. Um gute Ideen zu kreieren, braucht es semantisch-kognitive Sprünge.*«
>
> DR. JULIA GUMULA, KREATIVITÄTSFORSCHERIN UND IDEENANGLERIN

Wie man tatsächlich »Out of the box« denken kann

Semantisch-kognitive Sprünge kann man durch bestimmte Kreativitätstechniken provozieren. Gumula nennt hier vor allem die Analogie-Technik, die Rollen-Technik und die Kopfstand-Technik:

- Bei der *Analogie-Technik* werden vergleichbare (»analoge«) Situationen oder Akteure zum Ausgangspunkt der Ideenfindung genommen. Dazu listest du alle Merkmale des Ausgangsproblems auf und suchst dann Konzepte, die ebenfalls dieses Merkmal aufweisen. Wie löst man dort das Problem? Nehmen wir an, ein Handwerksbetrieb möchte mehr Bewerber für sich gewinnen. Nehmen wir ferner ein neu eröffnetes Café als Analogie (beides sind kleine Unternehmen, beide brauchen Kunden, und Bewerber sind heute eher umworbene Kunden als Bittsteller). Was würde das Café tun, um den Laden voll zu haben? Schöne Einrichtung, Flyer im Viertel, Gutscheine, tolles Angebot an Kuchen, Mundpropaganda ... Wie sähe es aus, wenn der Handwerker sich als Cafébetreiber für Bewerber verstünde?

- Bei der *Rollen-Technik* lautet die Ausgangsfrage: Wie würde eine reale oder fiktive Person X das Problem lösen? Was würde der Dalai Lama tun? Was ein Zirkusdirektor? Oder das tapfere Schneiderlein? So absurd dir das möglicherweise erscheint – mit ein bisschen Fantasie kommen dir bei jeder dieser Personen unweigerlich Verhaltensweisen in den Sinn, von denen der Mitarbeiter suchende Handwerksmeister profitieren könnte.
- Bei der *Kopfstand- oder Reverse-Technik* werden möglichst viele Ideen gesammelt, die das Gegenteil vom Gewünschten erreichen und alles nur noch schlimmer machen würden. Wodurch könnte der Handwerksbetrieb mögliche Bewerber besonders effektiv vergraulen? Da fällt dir vermutlich einiges ein ... Nach dem Sammeln von Ideen wird geschaut, ob sich einzelne auf den Kopf stellen lassen und dann etwas Positives bewirken.

»Out of the Box«-Denken: mit offenen Augen durch die Welt gehen

Anders als das beliebte, de facto aber weniger wirksame Brainstorming lenken diese drei Techniken die Gedanken in eine bestimmte Richtung und sorgen gleichzeitig dafür, ausgetretene Gedankenpfade zu verlassen. Sie helfen dem Gehirn beim »Out of the Box«-Denken, wie Judith Gumula auf ihrer Website »Ideenangler« schreibt.[40] Was dabei noch hilft: ganz ohne Kreativitätstechnik, aber mit offenen Augen durch die Welt gehen. Sich auf neue Erfahrungen einlassen. Neugierig bleiben und schauen, wie es anderswo zugeht und wie andere Menschen, andere Branchen, andere Kulturen bestimmte Dinge angehen. Und manchmal auch schlicht darauf vertrauen, dass unser Gehirn im Stand-by-Modus die aufgenommenen und noch ungeordneten Impulse zielführend verarbeitet. Denn: Unser Gehirn ist niemals untätig.

»Für mich ist es normal, dass ich mit weit aufgerissenen Augen, mit offenen Ohren und mit einem großen Herzen durchs Leben gehe. Auch hinschaue, wo andere nicht hinschauen – in Ecken, wo ich etwas entdecke, das für mich ein Anreiz ist, weiter zu denken, weiter zu fühlen, oder es zu fotografieren und gestalterisch zu nutzen.«

MICHAEL OSTENDORF, PASTOR UND MUSIKER

Dein Gehirn schläft nie

»Heureka!«, rief der Legende nach Archimedes von Syrakus, während er vor rund 2200 Jahren splitternackt durch die Stadt flitzte. Bereits im Vorwort haben wir darüber gelesen. Zur Erinnerung: In der Badewanne hatte Archimedes einen beglückenden Geistesblitz gehabt und das »Archimedische Prinzip« entdeckt. Es bestimmt den Auftrieb eines Körpers in einem Medium als das Gewicht des vom Körper verdrängten Mediums. Man braucht nicht viel Fantasie, um sich auszumalen, warum dieses Prinzip Ingenieuren bis heute gute Dienste leistet. Archimedes entdeckte das nach ihm benannte Gesetz also nicht nach Stunden harter Denkarbeit und vor sich hin brütend, sondern in einem Moment der Entspannung. Ein anderer berühmter Fall: Isaac Newton soll viele Jahrhunderte später unter einem Apfelbaum liegend im elterlichen Garten auf das Gesetz der Gravitation gekommen sein. Ein Apfel plumpste herunter, und der Wissenschaftler fragte sich, warum das eigentlich immer lotgerecht passierte und beispielsweise nicht schräg. Es scheint, als seien müßige Hirne manchmal besonders kreativ!

Tagträumen als Arbeit

Dazu passt: Wer Kreative unterschiedlichster Provenienz nach ihren Arbeitsgewohnheiten fragt, stößt immer auf beides: auf preußische Tugenden, feste Arbeitszeiten und eherne Tagesziele (siehe Kapitel 5 »Selbstdisziplin«) und auf Tagträume und müßiges Gedanken-wandern-Lassen. »Am kreativsten bin ich, wenn ich bügle«, gab beispielsweise George Balanchine, Choreograf und Mitgründer des New York City Ballet, in einem Band zu Protokoll, der über 50 »Musenküsse« kreativ Schaffender rund um den Globus versammelt. Bevor er den Ballettsaal betrat, bügelte Balanchine jeden Morgen erst einmal eine Runde. Modeschöpfer Karl Lagerfeld hingegen meinte, »Tagträumen ist die vielleicht wichtigste Arbeit in meinem Leben«, dabei kämen ihm die besten Ideen für seine Kollektionen. Und Thomas Körner, ein Cartoonist, der unter dem Pseudonym TOM die taz seit mehr als 30 Jahren täglich mit witzigen »Touché«-Comicstrips versorgt, hat die ersten Ideen schon kurz vor dem Aufwachen: »Dann tingelt das Hirn im Leerlauf rum und denkt allen möglichen Quatsch vor sich hin.« Körner schwört auf Zettel und Stift neben dem Bett und ist damit in großer Gesellschaft. Auch Ian Anderson von Jethro Tull zum Beispiel fängt nachts Ideen ein »wie kleine Schmetterlinge« und wundert sich morgens manchmal über das Notierte, das vielfach aber brauchbar sei.[41]

Was dein Gehirn tut, wenn du nichts tust

Im uralten Rat, in Momenten der Ratlosigkeit erst einmal »eine Nacht drüber zu schlafen«, steckt offenbar tiefe Weisheit. Denn in einem Punkt irrt der Cartoonist: Im Leerlauf ist unser Hirn nie. »Ein Gehirn kennt keine Pausenfunktion. Entweder es assoziiert – oder es ist tot. Dazwischen gibt es nichts«, weiß die Neurowissenschaft.[42] Diese Erkenntnis ist noch gar nicht so alt. In den Achtzigerjahren konnte der US-Neurowissenschaftler Marcus E. Raichle mit einer neuen Technik namens Positronen-Emissions-Tomografie (PET) erstmals Gehirnen beim Denken zuschauen. Dazu sollten die Probanden, die im PET-Scanner lagen, bestimmte Aufgaben lösen. Was Raichle auffiel: Anders, als die Fachwelt damals annahm, war das Gehirn derjenigen, die noch unbeschäftigt auf ihre Aufgabe warteten, nicht etwa ausgeschaltet wie ein Herd vor dem Kochen – im Gegenteil: Raichle sah jede Menge Gehirnaktivität, und zwar gleichzeitig in weit auseinanderliegenden Hirnregionen. Er taufte das Netz dieser zusammenwirkenden Gehirnbereiche »Default Mode Network (DMN)«. Auf Deutsch ist vom »Ruhemodusnetzwerk« die Rede – ein irreführender Begriff, denn »Ruhe« herrscht hier gerade nicht. Vielmehr schweifen die Gedanken hin und her, von der Vergangenheit in die Zukunft, vom Banalen (»Ich darf nicht vergessen zu tanken«) zum Tiefsinnigen (»Ob er mich noch liebt?«), vom Realen zu Fantasiereisen.[43] Interessant ist, dass dabei verschiedene Hirnregionen involviert sind und damit auseinanderliegende Konzepte aktiviert werden – was ungewöhnliche, neue Ideen begünstigt. Passend dazu beeinflusst Studien zufolge der Grad der Vernetzung der DMN-Regionen tatsächlich, wie kreativ eine Person ist. Tagträumen ist keine Zeitverschwendung, sondern kreative Basisarbeit.[44] Dein Gehirn produziert fortlaufend Ideen, und manchmal ist eben gerade dann ein Geistesblitz dabei, wenn der sonst aktive rationale Zensor ausgeschaltet ist und du deine Gedanken einfach wandern lässt. Und da sich unser Hirn so umbaut, wie es benutzt wird, ist auch der in meiner Kreativsprechstunde zu beobachtende Übungseffekt in Sachen Ideenfindung nicht weiter überraschend.

Der Preis permanenten Beschäftigtseins

Unser mit zahllosen Aktivitäten vollgestopfter Alltag ist so gesehen ein Feind der Kreativität. Statt jede freie Minute für E-Mails, Social-Media-Kontakte, Telefonate und so weiter zu nutzen, sollten wir öfter mal entspannt unseren Gedanken freien Lauf lassen. Wer weiß, wie viele tolle Ideen nie geboren wurden, weil wir pausenlos mit unseren Smartphones beschäftigt sind? Nathan Spreng, ebenfalls Professor für Neurologie, sagt: »Ich glaube nicht, dass die volle bewusste Kontrolle über unsere Gedanken notwendigerweise die produktivste Art des Denkens ist. Ich denke, dass lose Assoziationsmuster zu einzigartigen Einsichten führen können.« Damit ist mir auch klar, warum mir in meinem Atelier häufig die besten Ideen kommen, wenn ich meinen Blick aus dem Fenster in das Hinterhausgärtchen schweifen lasse und einfach mal abwarte.[45]

Kreativität braucht beides: Grübeln und Entspannen.

All das erklärt auch, warum nächtliche Träume nützliche Ideenlieferanten sein können. Karl Lagerfeld behauptete sogar, ganze Kollektionen geträumt zu haben – beim Aufwachen habe er sie nur noch aufzeichnen müssen.[46] Eventuell übertreibt König Karl ein wenig, aber Träume sind ein weiterer Beleg dafür; dass sich unser Gehirn nicht einmal dann auf die faule Haut legt, wenn wir schlafen. Es arbeitet pausenlos weiter. Ist das nicht beruhigend? Die Erkenntnisse zum Default Mode Network bieten eine schlüssige Erklärung dafür, warum uns unter der Dusche, beim Spazierengehen, beim Bügeln oder Putzen manchmal die besten Ideen kommen. Oder eben wie Archimedes in der Badewanne. Sie zeigen außerdem, dass Kreativität neurologisch gesehen doch etwas komplexer ist als die simple Aufteilung in linke (logisch-rationale) und rechte (intuitiv-emotionale) Hirnhälfte. Kreativität ist eine komplexe geistige Tätigkeit, die verschiedene Hirnareale involviert, durch die Vernetzung verschiedener Regionen gestärkt wird und zudem von verschiedensten Herangehensweisen profitiert, vom disziplinierten Grübeln und vom entspannt-ziellosen »Mind-Wandering« gleichermaßen. Wir tun gut daran, beides zuzulassen, nicht nur daheim im stillen Kämmerlein, sondern auch am Arbeitsplatz. Und auch wenn sich das Default Mode Network nicht programmieren lässt wie ein Computer, sollten wir auf seine Hilfe vertrauen und sie zum Anlass nehmen, unsere Zuversicht auch während der Durststrecken des kreativen Prozesses zu bewahren.

Der Code of Creativity

Es ist Zeit für ein erstes Zwischenfazit. Gibt es einen Code für Kreativität? Mit dieser Frage startete ich vor rund zwei Jahren meinen Podcast. Natürlich war mir vorher bewusst, dass es die einfache Kreativitätsformel, die auf Knopfdruck Ideen generiert, nicht geben würde. Auf die Frage »Was brauchst du, um kreativ zu sein?« gaben meine Gesprächspartner ganz unterschiedliche Antworten. Jeder nähert sich kreativen Herausforderungen auf seine eigene Weise, und doch gibt es Gemeinsamkeiten. Zum Beispiel wissen alle, was sie brauchen, damit Ideen sich entwickeln und fließen können. Besonders eindrücklich war die Schilderung der Choreografin Silvia Varelli. Sie brauche drei Dinge: Licht. Platz. Einen großen Spiegel. Sie begebe sich in einen Raum, der das erfülle, und warte, bis die Ideen kommen. Sie habe auf diese Weise auch schon einen ganzen Tag so dagesessen, zwischen Grübeln und Entspannung, bis ein tänzerisches Konzept in ihrem Kopf Gestalt annahm. Licht, Platz, Spiegel, das ist sozusagen ihr Code of Creativity. Mein Code sind leere, freie Flächen, ein Block und ein Stift. Weg von Schreibtisch und PC, allein in einem Raum, in dem es kein Telefon gibt und natürlich auch kein Smartphone. Andere Kreative brauchen Musik im Hintergrund, am liebsten Klassik, oder auch etwas ganz anderes.

Ich brauche absolute Stille. Andere arbeiten bevorzugt am Bildschirm. Ich liebe den leeren Block mit gutem Papier. Doch niemand, mit dem ich sprach, zweifelte grundsätzlich an seiner Kreativität, auch wenn es hin und wieder schwierige Phasen gab. Alle leuchteten förmlich, wenn es um ihre Arbeit ging. Sie lieben, was sie tun. Sie freuen sich darüber, etwas Neues schaffen zu dürfen.

Zutaten für mehr Kreativität

Nimmt man all das und das bisher Gesagte zusammen, bilden folgende Elemente eine sehr allgemeine Formel für mehr Kreativität:

- der Wille, kreativ zu sein
- die Überzeugung, kreativ sein zu können
- die Offenheit für zahlreiche Impulse (Neugier auf die Welt)
- ein Thema, das man liebt (beziehungsweise die Bereitschaft, zu lieben, was man tut)
- Übung (öfter kreativ sein)
- dranbleiben, Ideen sammeln
- die Fähigkeit, Auseinanderliegendes miteinander zu verknüpfen (»Out of the Box«-Denken)
- Selbstfürsorge: genügend Schlaf, ausreichend Bewegung, darauf achten, dass man nicht permanent im Stressmodus läuft
- die Bereitschaft, Unsicherheit auszuhalten
- die Zuversicht, dass sich schon Ideen einstellen werden, wenn es nicht gleich klappt
- Muße und Ruhephasen, in denen die Gedanken schweifen können

»*Kreativität? Ich weiß, es ist immer da. Das ist eine Ressource, auf die ich mich total verlassen kann – immer – und das fühlt sich gut an.*«

NIKIAS THÖRNER, TEXTER UND KOMMUNIKATIONSEXPERTE

Kreativität beginnt mit dem Vertrauen in das eigene kreative Vermögen, in die eigenen Fähigkeiten, aber auch mit Vertrauen in nicht bewusst steuerbare Funktionen unseres Gehirns. Das Gehirn jongliert auch dann mit Konzepten, wenn wir es gar nicht bemerken oder unsere Gedanken einfach ziellos wandern lassen. Arne Dietrich, ein weiterer Neurowissenschaftler, der sich mit Kreativität beschäftigt, sagt dazu: »Wenn Sie sich obsessiv mit einer Sache beschäftigen, werden auch Ihre unbewussten Denkprozesse die Suche nach besseren Lösungen in den Vordergrund stellen. Es ist offensichtlich, dass die Interaktion hier zu mehr Kreativität führen kann.«[47] Beides hilft also: Viel über eine Sache nachdenken. Und das Problem zwischendurch auch mal zur Seite legen – und sich selbst vielleicht in die Badewanne.

3 Hacks für mehr kreatives Selbstvertrauen

 # Hack 1: Sich selbst beruhigen

- Noch bevor sich dein Kopf einschaltet, ist Stress zuerst im Körper spürbar, beim einen im Rücken, beim anderen als Kopfschmerz oder in der Brust. Eine einfache Form der Selbstberuhigung besteht darin, erst einmal anzuerkennen, was ist. Spür den Schmerz, leg deine Hand dorthin, wo es wehtut. Atme ein paar Mal tief ein und aus. Dann überlege, was die ersten kleinen Schritte auf dein Ziel zu sein könnten. Das müssen (und können oft auch gar) nicht ultimative Lösungsansätze sein. Das kann auch Recherche sein, ein Telefonat mit jemandem, der sich in einem bestimmten Bereich auskennt, ein Austausch mit einem Kollegen oder die Liste der offenen Fragen, die du klären musst, um weiterzukommen. Aktiv zu werden beruhigt. Mach einen Schritt nach dem anderen.

 # Hack 2: Sein Selbstvertrauen stärken

- Diesen Hack verdanke ich David Goggins, Autor des Bestsellers »Can't Hurt Me«. Darin beschreibt er seine Entwicklung vom vernachlässigten und misshandelten Kind und übergewichtigen Teenager zum Mitglied der Elitetruppe Navy Seals und erfolgreichen Athleten. Um sich in Momenten der Mutlosigkeit wieder aufzubauen, nutzt David ein »Cookie Jar«. In dem Keksglas ist jedoch nichts Süßes. Es ist voller kleiner Zettel, auf denen sich David frühere Erfolge notiert hat. Holen ihn negative Glaubenssätze wie »Ich kann es einfach nicht« ein, gönnt er sich einen Erfolgs-Cookie. Die Erinnerung an frühere Erfolge hilft ihm, seine Zuversicht wiederzugewinnen.[48]

Hack 3: Reframing

- Mit »Reframing« bezeichnet man in der Psychologie die Umdeutung eines Geschehens. Man nimmt einen anderen Blickwinkel ein (setzt das Geschehen sozusagen in einen neuen Rahmen) und gewinnt dadurch Handlungsmöglichkeiten. Wenn dir eine selbst gestellte oder übertragene Aufgabe einen Schauer der Verunsicherung über den Rücken jagt, denkst du vielleicht etwas in dieser Art: »Hilfe!! Ich habe keine Ahnung, wie ich das schaffen soll!« Zielführender ist der Gedanke: *»Es ist eine große, spannende Aufgabe. Und ich weiß noch nicht, wie die Lösung aussieht.«* Die implizite Botschaft an dich selbst ist: Es gibt eine Lösung, ich habe sie nur noch nicht gefunden. Das blockiert dich nicht, sondern macht ein Feld mit Möglichkeiten auf.

4 Flow: Das Glück des Tuns

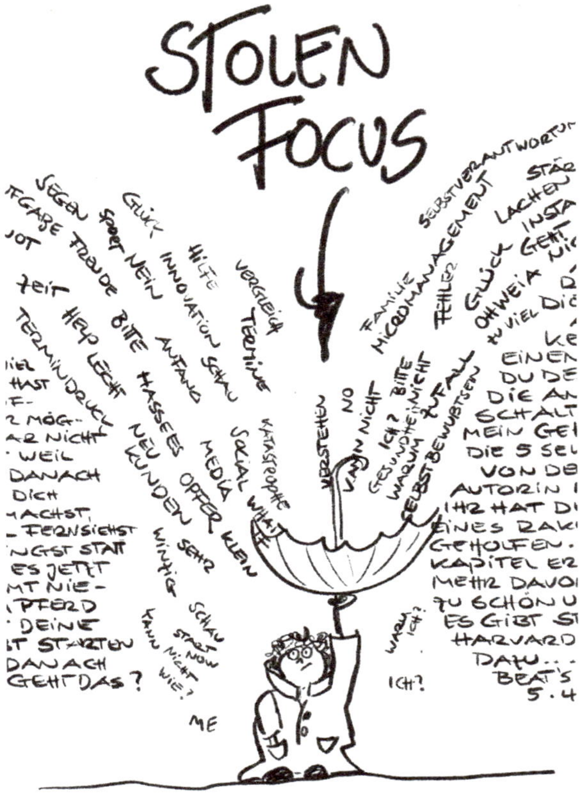

Wann hast du das letzte Mal völlig die Zeit vergessen, weil du ganz in deinem Tun aufgegangen bist? Vielleicht bei einem sportlichen Wettkampf, beim Musizieren oder auch beim Werkeln in der Garage? Dieses selbstvergessene Tätigsein ist eine Glückserfahrung. Der weltbekannte Psychologe Mihály Csíkszentmihályi bezeichnete sie als »Flow«, weil Betroffene aus ganz unterschiedlichen Bereichen, ob Wissenschaftler, Sportler oder Künstler, sie häufig als einen Zustand des Fließens oder Schwebens beschrieben.

Kinder, die vollkommen in ihr Spiel versunken sind, erleben ebenfalls Flow. Im Flow werden wir gefordert, aber nicht überfordert. Wir erleben unser Tun als herausfordernd und sind zugleich vollkommen sicher, dass wir die Herausforderung bewältigen werden. Alle Sinne sind wach und auf das aktuelle Ziel konzentriert. Im Flow verschieben wir die Grenzen des Bisherigen und erbringen kreativen Leistungen. Flow ist ein Motor des Neuen und damit ein Motor von Kreativität. Doch er stellt sich nicht auf Knopfdruck ein. Unser moderner Alltag ist geradezu ein Flow-Verhinderer. Was Flow auszeichnet und wie du ihn für dich wiederentdeckst, das ist Thema dieses Kapitels.

Was ist »Flow«?

Csíkszentmihályi hat in vielen Veröffentlichungen in den Neunzigerjahren Flow als die erhebende Erfahrung beschrieben, über sich selbst zu verfügen, das Gelingen einer Handlung zu erleben, ein tiefes Verständnis der Zusammenhänge zu erlangen, im Einklang mit sich und der Welt zu sein und seinem Tun eine selbstbestimmte Richtung zu geben. In seinem Buch »Flow und Kreativität« lässt er neben vielen anderen kreativ Tätigen den Dichter Mark Strand zu Wort kommen. Dieser beschreibt Höhepunkte seines Schaffens so: »Man ist in seinem Element, man verliert jedes Zeitgefühl, man ist völlig hingerissen, völlig gefesselt von dem, was man tut, und irgendwie überwältigt von den Möglichkeiten, die man in dieser Arbeit erkennt.«[49]

Flow: Bestandteil eines gelingenden Lebens

Flow ist eine Form des Glücks, auf die wir Einfluss haben, anders als auf einen Lotteriegewinn oder eine unerwartete Erbschaft. Csíkszentmihályi, der seine ungarische Heimat mit Anfang 20 nach der Machtübernahme der Kommunisten verließ, 2021 verstarb und viele Jahre an amerikanischen Universitäten lehrte, zählt zu den Mitbegründern der Positiven Psychologie. Anders als die traditionelle Psychologie, die sich auf psychische Krankheiten und Probleme konzentriert, widmet sich die Positive Psychologie der Frage, was zu einem gelingenden Leben beiträgt. Flow gehört in jedem Fall dazu, und nicht nur für jene, die kreative Ausnahmeleistungen erbringen. Csíkszentmihályis Erkenntnisse basieren auf unzähligen Interviews mit Nobelpreisträgern, Wissenschaftlern, Schriftstellern und anderen Künstlern, aber auch auf einer groß angelegten Studie mit Menschen aus allen beruflichen Schichten, in der Tausende Probanden über einen »Pager« mehrfach täglich angefunkt und danach gefragt wurden, was sie tun und wie es ihnen dabei geht, ob sie Freude empfinden oder nicht.[50] Als Ergebnis kristallisierten sich die folgenden Bestandteile von Flow heraus:

1. **Ein klares Ziel:** Man arbeitet an der Lösung eines bestimmten Problems oder einer Herausforderung. Allein die Verpflichtung auf ein eindeutiges Ziel macht schon glücklich. »Man weiß im Flow immer ganz genau, was getan werden muss«, schreibt Csíkszentmihályi dazu. Das gilt für jede Phase des Tuns und unterscheidet sich von vielen anderen Alltagserfahrungen.
2. **Unmittelbares Feedback:** Wir bekommen immer wieder direkte Rückmeldung, dass wir auf dem richtigen Weg sind. Das kann Feedback von anderen sein, aber auch die Bestätigung durch erste Arbeitserfolge. Ein Geiger, der ein schwieriges Stück spielt, hört sofort, ob er die Noten trifft. Und ein erfahrener Designer spürt bei jeder Skizze, ob sie ihn seinem Idealziel näher bringt.
3. **Balance zwischen eigenen Fähigkeiten und der Aufgabe:** Die Aufgabe fordert uns, aber sie überfordert uns nicht. Wir haben das Gefühl, dass wir der Herausforderung gewachsen sind, und empfinden sie gleichzeitig als spannend. Csíkszentmihályi beschreibt das als »feinen Grat zwischen Angst und Langeweile«; manchmal ist auch vom Flow-Kanal die Rede (siehe Abbildung). Wir befinden uns an der Grenze unserer Komfortzone und gehen kalkulierte Risiken ein, durch die wir diese Grenze weiter verschieben. Im Flow entwickeln wir uns dadurch weiter, wir vergrößern unsere Möglichkeiten. Das macht es so aufregend und trägt zur Glückserfahrung bei.
4. **Einheit von Handeln und Bewusstsein:** Denken und Handeln verschmelzen miteinander, wir sind ganz bei dem, was wir tun – während wir im Alltag oft das eine tun (zum Beispiel an einem Meeting teilnehmen) und in Gedanken ganz woanders sind (etwa beim Wochenendeinkauf). Im Flow verschwindet diese Diskre-

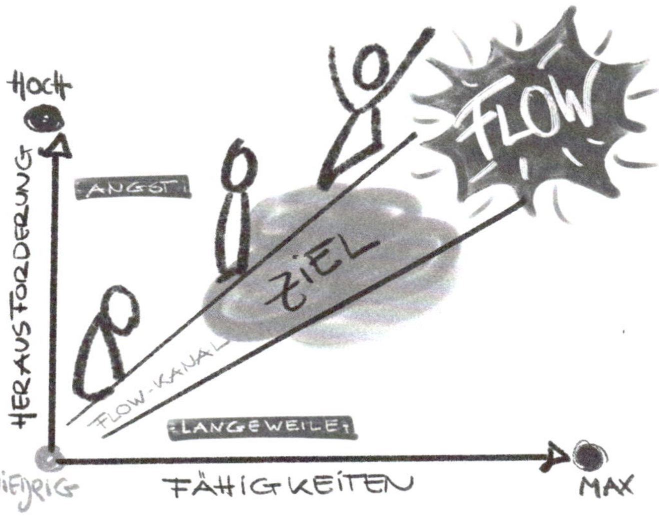

Im Flow-Kanal

panz, es setzt ein Gefühl der Leichtigkeit ein, und das eigene Ego tritt zurück.

5. **Intensive Konzentration:** Flow ist maximal fokussiertes Handeln. Ablenkungen werden ausgeblendet, man konzentriert sich ausschließlich auf die aktuelle Herausforderung. Flow setzt damit ein störungsfreies Umfeld voraus, bei mir, wie gesagt, beispielsweise einen leeren Raum, ohne Telefon oder Smartphone, nur ein leerer Tisch, Block und Stifte. Csíkszentmihályi weist darauf hin, dass durch diese Konzentriertheit »die normalen Ängste und Sorgen von uns abfallen«.
6. **Erleben von Selbstwirksamkeit:** Volle Konzentration und das Gleichgewicht von Herausforderung und Fähigkeiten führen dazu, dass man sich keine Sorgen über ein mögliches Scheitern macht, auch dann nicht, wenn der genaue Ausgang noch offen ist. Wir handeln in dem Gefühl, die Situation unter Kontrolle zu haben, und erleben uns als selbstwirksam: Wir haben es in der Hand!
7. **Selbstvergessenheit:** »Im Flow geht man so vollständig in der Tätigkeit auf, dass man nicht mehr darüber nachdenkt, wie man sein

Ego schützen kann«, schreibt Csíkszentmihályi. Wir verschwenden keinen Gedanken daran, was andere über uns denken oder wie wir wirken könnten. Wir sind vollkommen im Einklang mit uns und mit der Welt und erleben, wie wir komplexe Herausforderungen meistern und daran wachsen. Unser Selbst wächst paradoxerweise gerade dadurch, dass wir es vergessen.

8. **Verlust des Zeitgefühls:** Stunden können wie Minuten vergehen und umgekehrt Sekunden sich wie in Zeitlupe dehnen. Das Zeitgefühl ist im Flow an unser Erleben gekoppelt und nicht an das Ticken der Uhr. Vermutlich kannst du dich auch an Beschäftigungen erinnern, bei denen du völlig die Zeit vergessen hast und erstaunt feststelltest, dass Stunden verstrichen sind, seit du das letzte Mal auf die Uhr geschaut hast – ob beim Malen, Spielen, Kochen, Klettern …
9. **Die Aktivität wird autotelisch:** »Autotelisch« kommt von griechisch »autós« (selbst) und »télos« (Ziel): Das Tun trägt also sein Ziel in sich. Es dient nicht primär einem äußeren Zweck (= »exotelisch«), sondern es wird (auch) für sich als befriedigend erlebt. Wir genießen unser Tun an sich und nicht nur, weil wir dadurch ein bestimmtes Ergebnis erreichen. Wer zum Beispiel leidenschaftlich gern kocht, genießt das Kochen selbst. Es ist mehr als bloßes Mittel zu dem Zweck, am Ende eine fertige Mahlzeit aufzutischen. Auch wer mit Leidenschaft Produkte designt, tut dies nicht nur, um Ergebnisse zu produzieren, sondern weil er den Prozess des Designens liebt.

Mihály Csíkszentmihályi schließt seine Beschreibung der Flow-Komponenten, an der ich mich hier orientiere, mit einem bemerkenswerten Hinweis: »In vielerlei Hinsicht besteht das Geheimnis eines erfüllten Lebens darin, dass man lernt, Flow bei möglichst vielen Aktivitäten zu erleben, die man ohnehin tun muss.«[51] Wir haben es selbst in der Hand, ob wir Flow erfahren. Und das ist auch außerhalb lustvoller Freizeitbeschäftigungen, die wir mühelos genießen können, möglich – beispielsweise im Beruf. Doch warum springt der Kreativitätsmotor Flow gerade dort so selten an?

Die täglichen Feinde des Flows

Angeblich werden Arbeitnehmer im Schnitt alle vier Minuten bei der Arbeit unterbrochen.[52] Wenn du jetzt denkst: »Was – nur alle vier Minuten?!?«, kennst du das Problem. Der Hauptfeind des Flows sind die stetigen Störungen im Tagesablauf, die konzentriertes Nachdenken für viele Menschen fast unmöglich machen. Kaum hast du in einer Sache (Konzept, Problemlösung, Gestaltung) einen ersten Gedanken gefasst, klingelt das Telefon, und ein Kollege, Chef oder Kunde will etwas von dir. Dieses Anliegen geistert auch dann in deinem Hinterkopf herum, wenn du nicht unmittelbar aktiv werden musst. Du machst dir eine Notiz, brauchst aber einige Minuten, bis du wieder im Thema bist. Gerade hast du dich halbwegs warmgelaufen, da steht ein Kollege in der Tür und will wissen, ob du nachher mit zum Italiener kommst. Das ist in drei Sekunden geklärt, aber dein Gedanke von eben ist futsch.

Flow erfordert Tiefe und konzentriertes Nachdenken.

Selbst Störungen von 2,8 Sekunden Dauer beeinträchtigen unsere Konzentration und führen zu einer Verdoppelung der Fehlerquote bei so einfachen Tätigkeiten wie dem alphabetischen Sortieren von Briefen, fanden Forscher der Michigan State University heraus.[53] Dass Unterbrechungen die Entwicklung kreativer Ideen nicht fördern, ist daher wenig verwunderlich. Du nimmst tapfer einen dritten Anlauf, wirst durch dein Smartphone aber nach wenigen Minuten daran erinnert, dass in einer halben Stunde ein Meeting zum Thema XY ansteht. Wo waren noch mal deine Unterlagen dazu? Du suchst kurz, bist erfolgreich, in deiner eigentlichen Arbeit aber noch keinen Schritt weiter. Vierter Versuch. Zehn Minuten und zwei Sätze später plingt dein Smartphone mehrfach, und du kannst nicht widerstehen, ganz kurz nachzuschauen, wer was von dir will. Deine Schwester erinnert dich daran, dass ihr noch ein Geschenk für den runden Geburtstag eures Vaters besorgen müsst. Und jetzt wird es langsam Zeit, sich auf den Weg ins Meeting zu machen. So geht es munter weiter. Flow kann sich so nicht einstellen, denn Flow erfordert Tiefe, konzentriertes Nachdenken und Ausprobieren.

Die normale Arbeitswelt als Flow-freie Zone

Unsere moderne Arbeitskultur mit permanent offenen Bürotüren oder lärmenden Großraumbüros, mit dem Hohelied auf Teamkultur und jederzeitigem spontanem Austausch, mit zahllosen sinnvollen und weniger sinnvollen Meetings und mit einer manchmal ins organisatorische Chaos führenden, weil missverstandenen Form von »Agilität« lässt Flow schlicht nicht zu. Wir sind ununterbrochen beschäftigt und dabei manchmal erschreckend wenig produktiv, weil wir kaum Gelegenheit haben, in Ruhe nachzudenken. Abends sind wir völlig geschafft und obendrein frustriert, weil wir in Wahrheit wenig erreicht haben. Der alte Spruch von der operativen Hektik, die geistige Windstille verdeckt – nie schien er zutreffender als heute.

Ohne Konzentration geht es nicht.

Natürlich kann man sich in einer vernetzten, hochgradig arbeitsteiligen Berufswelt nicht vollkommen von anderen abschotten. Darum geht es auch gar nicht. Was mir Sorgen macht, ist etwas anderes: Offenbar geht das Bewusstsein dafür, dass Ideen, Kreativität, Innovationen zumindest phasenweise die konzentrierte Versenkung in ein Thema erfordern, mehr und mehr verloren. Mir fallen zahlreiche Beispiele aus meinem Agenturalltag ein, die das verdeutlichen. Eins von vielen: Zwei Projektmanager und ich sind mitten in einer zweistündigen Kreativsprechstunde, in der wir Ideen für eine neue Produktlinie entwickeln wollen. Plötzlich fliegt die Tür auf, der Marketingleiter kommt unangemeldet herein, will »nur mal schauen«, setzt sich dazu, schaut erwartungsvoll und zückt bald sein Smartphone. Nach einer Viertelstunde steht er wieder auf, klopft dem neben ihm sitzenden Projektleiter auf die Schulter – »Ihr macht das schon!« – und ist so schnell wieder verschwunden, wie er gekommen ist. Glaubt irgendwer, dass das die Ideenfindung fördert? Ein anderes Beispiel: Die Chefin der Agentur, für die ich seinerzeit arbeitete, und ich sind mit zahlreichen Unternehmensvertretern eines Lebensmittelkonzerns in einem wichtigen Meeting. Auf der Agenda steht der komplette Relaunch eines umsatzträchtigen Produktes. Es geht ein wenig hin und her, der Abteilungsleiter ist erkennbar anderweitig an seinem Laptop beschäftigt. Ich schiebe der Agenturchefin einen Zettel zu: »2-Tage-Intensiv-Workshop/

kleiner Kreis vorschlagen?« Das Blatt kommt postwendend zurück: »BLOSS NICHT!!!« Nach dem Meeting erfahre ich, dass ein solcher »Aufwand« in dieser Firma »ein absolutes No-Go« sei. Dabei geht es um ein Produkt, das bisher hohe Millionenumsätze generierte, inzwischen aber dringend einen moderneren Auftritt mit optimierten Packungsgrößen braucht.

Wenn Ablenkung zur Regel wird, hat die Innovation schlechte Karten.

So funktioniert Kreativität leider nicht, und so werden innovative Ansprüche zu bloßen Lippenbekenntnissen (vgl. hierzu auch Kapitel 7 »Kreativitätskultur«). Es mag altmodisch klingen, aber dennoch: Es braucht Inseln der Ruhe im hektischen Arbeitsalltag – Oasen, in denen abseits vom operativen Geschäft nachgedacht und ausprobiert werden kann, im Team, aber auch allein. Die wichtige Denkarbeit in den Feierabend zu quetschen oder ins Private zu verlagern, funktioniert auf Dauer nicht. Aber nicht nur äußere Störungen sind das Problem. Möglicherweise noch gravierender ist, dass wir selbst mehr und mehr die Fähigkeit verlieren, uns ganz und gar auf eine Sache zu konzentrieren. Der britische Journalist Johann Hari hat 2022 dazu ein Buch unter dem Titel »Stolen Fokus« (deutsch: »Abgelenkt«) veröffentlicht.[54] Hari spricht von einer »Aufmerksamkeitskrise«, die dadurch ausgelöst wird, dass wir tagtäglich mit einer Fülle von Informationen und Reizen überflutet werden. Wir können uns nicht mehr auf eine einzige Sache fokussieren, weil zahllose (vor allem digitale) Stimuli uns immer wieder ablenken. Während wir soziale Medien bespielen oder uns von ihnen in den Dschungel digitaler Botschaften und Bilder locken lassen, von hier nach dort hüpfen und uns mit allerlei Trivialem beschäftigen, sind wir niemals wirklich präsent. Das bedeutet: Wir widmen kaum jemals unsere volle Aufmerksamkeit der augenblicklichen Situation. Stattdessen sind wir Opfer unserer Sucht nach Bestätigung und »Likes«. Hari vergleicht dieses Verhalten provokant mit dem der Labortiere, die der Behaviorist B. F. Skinner in den Fünfzigerjahren durch Zuteilung oder Verweigerung von Futter dazu brachte, ein bestimmtes, von ihm beabsichtigtes Verhalten zu zeigen: »Jahre später fragten sich die Designer von Instagram: Wenn wir unsere Nutzer dafür belohnen, dass sie Selfies machen, wenn wir ihnen Herzen und Likes geben, werden sie dann anfangen, dies zwanghaft zu tun, so wie die Taube zwanghaft ihren linken Flügel ausstreckt, um zusätzliche Samen zu bekommen?«[55]

Wann warst du das letzte Mal vollkommen konzentriert?

Das klingt nach starkem Tobak. Wenn man sich allerdings einmal bewusst umschaut, ob im Meeting, beim Bummel durch die Stadt oder im Restaurant, drängt sich der Eindruck auf, dass Haris Kernthese – wir sind immer weniger präsent und immer stärker abgelenkt – zutrifft. Paare sitzen sich am Kneipentisch gegenüber, und beide wischen und scrollen auf ihren Handys, statt sich zu unterhalten, das Essen muss fotografiert und gepostet werden, bevor man es genießen kann, und schon die simple Tischreservierung, die früher ein kurzer Anruf war, löst heute eine Flut von digitalen Nachrichten aus, von »Deine Reservierung ist bestätigt« über »Morgen erwartet dich das Restaurant, bitte bestätige erneut« und »Danke für deine Bestätigung« bis »Vielen Dank für deinen Besuch« und »Bitte bewerte uns im Netz«. Skinner wäre begeistert, wie bereitwillig wir uns dressieren lassen.

Süchtig nach Unterbrechungen

Kurzfristige Reize überwuchern unsere Aufmerksamkeit und verhindern, dass wir uns wirklich auf eine Sache einlassen. Schlimmer noch: Vielleicht hast du dich auch schon mal dabei ertappt, dass du wie ferngesteuert wiederholt deine E-Mails checkst und deine Accounts aufrufst, wenn tatsächlich einmal Ruhe herrscht und die Ablenkungen ausbleiben. Es scheint tatsächlich die Gefahr zu bestehen, dass wir süchtig nach Unterbrechungen werden, wenn wir nur oft genug unterbrochen werden. Legendär ist in diesem Zusammenhang ein Experiment, das Wissenschaftler an der University of Virginia vor einigen Jahren durchführten: Sie setzten Menschen in einen schmucklosen Raum, in dem sie einige Minuten (eine Viertelstunde) einfach ihren eigenen Gedanken nachhängen sollten. Zwei Drittel der teilnehmenden Männer und ein Viertel der Frauen verabreichten sich lieber selbst kleine Elektroschocks – die einzige angebotene Ablenkung –, als gar nichts zu tun zu haben.[56]

»*Kreativität beginnt für mich beim Denken, beim Fühlen. Um irgendetwas zu machen, da muss man nicht toll malen können oder schreiben. Kreativität entsteht für mich, wenn man in der Lage ist, Dinge abstrakt zu sehen, wahrzunehmen und gedanklich umzusetzen.*«

JANET BRAUN, PROFILERIN

Seit diesem Experiment haben sich die Ablenkungsangebote im Alltag vervielfältigt. Wer heute über 40 ist, kennt sie noch, die Zeit ohne Facebook, Twitter, Instagram und TikTok, ohne Push-Nachrichten und permanent Signaltöne dudelnde Handys. Anders sieht es bei den Millennials aus, die mit dem Internet aufgewachsen sind. Johann Hari wurde durch einen Neffen zu seinem Buch angeregt. Der einst aufgeweckte Grundschüler ist mit 15 von der Schule geflogen. Er verbringt den Großteil seiner Zeit am Smartphone und schafft es nicht, sich auch nur wenige Stunden vom Datenfluss abzukoppeln und sich länger als ein paar Minuten auf eine Sache zu konzentrieren. Wir können ihm kaum einen Vorwurf machen, denn auch vielen Erwachsenen gelingt das nicht mehr. Es wird seinen Grund haben, warum Silicon-Valley-Größen wie Bill Gates den Handy-Konsum ihrer Kinder streng reglementierten. Oder warum Chamath Palihapitiya, Ex-Vizepräsident für Wachstum bei Facebook (!), sagt, dass seine Kinder »diesen Scheiß nicht benutzen dürfen«.[57]

Das Dilemma: Ablenkung ist leicht, Denken ist anstrengend.

Was uns dabei so verführbar macht: Die Konzentration auf eine einzige Sache fordert uns. Sie ist anstrengend, insbesondere, wenn es sich bei dieser Sache um ein ungelöstes Problem handelt. Dann sind wir geradezu dankbar für jede Ablenkung. »Denken ist die schwerste Arbeit, die es gibt. Das ist wahrscheinlich auch der Grund, warum sich so wenige Leute damit beschäftigen«, spottete einst Henry Ford. Doch Konzentration – die Fokussierung unserer Aufmerksamkeit – ist Voraussetzung für Flow. Damit wir in den schwebenden und produktiven Zustand des Sich-Versenkens in eine Fragestellung geraten können, müssen wir bereit sein, alles andere auszublenden und uns ganz und gar auf diese eine Frage zu konzentrieren. Wer sich dessen bewusst ist, verteidigt seine störungsfreie Zeit mit Zähnen und Klauen. Schriftsteller gehen in Schreibklausur, Maler verschwinden in ihren Ateliers, Designer hängen ein »Bitte nicht stören«-Schild an die Bürotür und stellen das Telefon auf lautlos. Wir können Flow nicht einfach auf Knopfdruck herstellen, aber wir können die Weichen richtig stellen, indem wir für störungsfreie Zeit sorgen.

Mehr Fokus!

Es steht offenbar schlecht um das konzentrierte Nachdenken in Unternehmen. Im Coaching sagt mir ein Mittelmanager im Marketing: »Ich schaffe es nicht, mich auch nur einen Tag im Jahr ganz rauszuziehen.« Ein anderer klagt: »An meinen Ideen kann ich nur am Wochenende feilen. Oder spät am Abend.« Solche Glaubenssätze schnüren der Kreativität die Luft ab. Sie werden schon dadurch widerlegt, dass die Abteilung oder das Unternehmen auch bei Abwesenheit durch Krankheit oder Geschäftsreise nicht gleich untergehen. Wahr ist allerdings, dass wir für Freiräume im hektischen Alltag selbst sorgen müssen. Mehr Fokus erreichst du nur durch einen bewussten Umgang mit äußeren und inneren Störfaktoren. Das wird dir vermutlich nicht neu sein, und ich fürchte, du wirst in diesem Abschnitt wenig erfahren, was du nicht schon weißt oder zumindest geahnt hast. Nur: Wissen allein reicht nicht. Hier einige Anregungen zum Umsetzen.

Äußere Störfaktoren konsequent ausschalten

Äußere Störfaktoren, die Konzentration und damit Flow verhindern, sind die bekannten Unterbrechungen durch Telefonate, Social-Media-Apps, E-Mails, Meetings, Austausch mit Kollegen und so weiter. Für kreative Aufgaben sollten störungsfreie Zeiten reserviert sein. Wer Ideen ausbrütet, ist eine Zeit lang unerreichbar, ob als Einzelner oder im Team. Das geht nicht? Doch, und vermutlich besser, als du denkst: Ein junger Unternehmer erzählte mir, in seiner Firma arbeiteten vormittags alle im Flugmodus. Die Produktivität habe sich seitdem merklich erhöht. Fun Fact: Das 15-köpfige Team berät Unternehmen beim Onlinemarketing, koppelt sich selbst aber zeitweise vom digitalen Datenfluss ab. Es muss ja nicht gleich jeder Vormittag sein, doch für kreative Aufgaben, bei denen du dem Flow eine Chance geben willst, lohnt sich eine zeitweise komplette Abschottung. Blocke einen festen Zeitraum im Kalender, mach einen Termin mit dir selbst. Auch die »stille Stunde«, ein klassisches Zeitmanagement-Instrument, ist keine schlechte Idee. Deine Umgebung wird sich schnell daran gewöhnen, dass du zu definierten Zeiten für 60 oder 90 Minuten für niemanden zu sprechen bist. Wenn nötig, wechsele den Ort.

Auch Umgebungsreize können die Konzentration stören – ein übervoller Schreibtisch, ein Büro mit Blick auf den Gang, selbst ein gut gemeinter »Kreativraum«, wie ich ihn in einem Großunternehmen vorfand. Dort saßen wir auf bunten Designerhockern, umgeben von »fantasievollen« Bildern und allerlei Kreativitätstools von der Pinnwand bis zum Bauklotz. Den Managern war es erkennbar peinlich, sich hier aufhalten zu müssen. Es fielen Stichworte wie »Kindergarten« und »Kreativknast«. Keine gute Basis für die Entwicklung innovativer Ideen. Leider hat die Einrichtungsphilosophie von Google zu dem Missverständnis geführt, Bunte-Bälle-Bäder für Erwachsene seien per se kreativitätsfördernd. Dabei denkt es sich in einer reizarmen Umgebung meist leichter, zumindest aber in einer Umgebung, in der man sich wohlfühlt. Viel ist überdies schon gewonnen, wenn man sich im Unternehmen von zwei verbreiteten Mythen verabschiedet: vom Multi-Tasking und vom Musenkuss.

Dass Multi-Tasking nicht funktioniert, weil unsere Aufmerksamkeitsspanne begrenzt ist, spricht sich inzwischen herum. »Nebenbei« kannst du höchstens eine Handlung ausführen, die vollkommen automatisiert ist und keine bewusste Aufmerksamkeit (Konzentration) erfordert. Es dürfte beispielsweise kein Problem für dich sein, im Gehen zu telefonieren. Komplizierter wird es schon, wenn du dabei nicht allein im Park, sondern im dichten Großstadtverkehr unterwegs bist. Ein Telefonat zu führen und gleichzeitig eine E-Mail zu lesen, funktioniert erst recht nicht. Eins geht auf Kosten des anderen, führt zu Fehlern und kostet unterm Strich oft mehr Zeit, als man zu sparen glaubt. »Wer zwei Hasen jagt, fängt keinen«, sagt ein Sprichwort.

Wer zwei Hasen jagt, fängt keinen.

Die launische Muse als Sündenbock

Mit dem Musenkuss meine ich die Erwartung, dass sich Ideen nur in der richtigen »Stimmung« einstellen, als Kuss einer launischen Muse, die man selbst nicht beeinflussen kann. Meist dient das als Ausrede, warum es gerade nicht der richtige Zeitpunkt ist, sich mit einer komplexen Aufgabe zu beschäftigen. Ich kenne keinen professionell kreativen Menschen, der sich hinter einer Muse versteckt. Natürlich läuft es mal besser und mal schlechter. Deshalb braucht Kreativität die preußische Schwester Disziplin als Verbündete (vgl. Kapitel 5 »Selbstdisziplin: Wilder Wille schlägt Komfortzone«). Aber »wie es läuft«, hast du bis zu einem gewissen Grad selbst in der Hand – womit wir bei den inneren Störfaktoren wären.

Je fitter, desto konzentrierter wirst du sein.

Je fitter du bist, desto besser kannst du dich konzentrieren – noch so eine simple, aber zutreffende Alltagsweisheit. Hier greift die ganze Palette altbekannter Gesundheitstipps: ausreichend Schlaf (mindestens sieben Stunden), genug trinken (etwa 1,5 Liter täglich), gesund essen, wenig Alkohol, keine (anderen) Drogen, ausreichend Bewegung. Schon nach einem kurzen Spaziergang kannst du dich besser konzentrieren. Gut ist, wenn du deinen Biorhythmus kennst und Aufgaben, die dich sehr fordern, falls möglich in deine produktivste Zeit legst. Überhaupt überschätzen wir manchmal, wie lange wir hoch konzentriert arbeiten können. Meine Kreativsprechstunde ist auch deswegen auf zwei Stunden begrenzt, weil danach die Ergebniskurve radikal abflacht und eine längere Pause empfehlenswert ist. Du kennst das von Meetings, bei denen nach einer gewissen Zeit auch nicht mehr viel herauskommt. Mehr hilft nicht immer mehr. Auch selbstbestimmte Flow-Phasen sind endlich, weil nicht nur beglückend, sondern auch kräftezehrend.

Für eine Fokussierung förderlich ist außerdem die Abwesenheit von psychischen Störfaktoren. Dazu gehören Sorgen und Zeitdruck. »Man kann nicht denken, wenn man es eilig hat«, beschied Platon, einer der einflussreichsten Denker der Antike. Und man kann auch nicht denken, wenn man gerade einen heftigen Streit hatte, mit einer Kundenbeschwerde hadert oder wütend ist. Natürlich hast du es nicht immer in der Hand, gerade dann fröhlich gestimmt zu sein, wenn du eine kreative Aufgabe in Angriff nehmen willst. Wenn eben möglich, hilft es aber, Belastendes zu klären, bevor man das tut. Dazu zählt auch die Erledigung ungeliebter Aufgaben, die so lange in deinem Hinterkopf herumgeistern, bis du sie abhaken kannst. Sonst trübt der Gedanke an die überfällige Steuererklärung oder die noch zu formulierende Antwort auf eine heikle Mail deine Konzentration. Erklären lässt sich dies mit dem »Zeigarnik-Effekt«, benannt nach der sowjetischen Psychologin litauischer Herkunft Bluma Zeigarnik. Sie beschäftigte sich in ihrer Dissertation empirisch mit dem Behalten erledigter und unerledigter Aufgaben und kam zu dem Ergebnis, dass Unerledigtes sich im Gedächtnis festhakt, während Erledigtes auch mental abgehakt und vergessen wird. Der Legende nach wurde die Wissenschaftlerin durch Beobachtungen in einem Pariser Café zu ihrer Hypothese angeregt. Die Kellner dort merkten sich mit bewundernswerter Zuverlässigkeit eine Vielzahl von Bestellungen. Sobald ein Gast bezahlt hatte, konnten sie sich jedoch kaum noch erinnern, wer er war und wo er gesessen hatte.[58] Man kann diesen Effekt zwar auch positiv sehen und beispielsweise darauf vertrauen, dass unser Gehirn im Schlaf weiter an ungelösten Problemen arbeitet (siehe den Abschnitt »Dein Gehirn schläft nie« im dritten Kapitel). Wenn wir jedoch ungestört den Fokus auf etwas anderes lenken wollen, kommt uns Unerledigtes in die Quere.

Was dich belastet, lenkt dich ab.

Ein weiterer persönlicher Faktor ist das eigene Interesse an einer Fragestellung. Je motivierter du dich an eine Aufgabe machst, desto leichter wird es dir fallen, dich darauf zu konzentrieren. Wer begeistert malt, tischlert oder textet, verspürt eher selten den Drang, zwischendurch wiederholt seine E-Mails

Was dich begeistert, stärkt deine Konzentration.

zu checken oder kurz mal nachzuschauen, ob es bei Twitter etwas Neues gibt. Aufgaben, die uns langweilen, unterbrechen wir dagegen gerne. Die eigentliche Herausforderung besteht daher darin, sich auch für solche Aufgaben zu erwärmen, die man freiwillig nicht gewählt hätte – am besten nach der bekannten Formel »Love it, change it, or leave it«. Wenn du es ohnehin tun musst, tu es richtig. Halbherziges Mittelmaß drückt auf Dauer den meisten Menschen auf die Stimmung (siehe auch den Abschnitt »Lieben, was man tut« im zweiten Kapitel).

Der Lohn der Anstrengung

Warum laufen Menschen Marathon, obwohl das zwischendurch zur Schinderei wird? Warum schreiben Autoren auch dann weiter, wenn sie sich zeitweise stundenlang mit einer einzigen Seite quälen und auf der Stelle treten? Weil diese Anstrengung und die konsequente Fokussierung auf ein Tun Befriedigung versprechen. Weil nur ein gewisses Maß an Anstrengung die Chance auf Flow bietet. Flow entsteht, wenn wir uns auf etwas einlassen, das eine echte Herausforderung für uns ist, und dabei die Erfahrung machen, dass wir diese Herausforderung in den Griff bekommen können, indem wir all unser Können, unsere einschlägigen Fähigkeiten mobilisieren. Dabei verschieben wir unsere bisherigen Grenzen und entwickeln uns weiter. Flow führt uns also auf spannende Weise aus unserer Komfortzone heraus, ohne dass wir Versagensängste entwickeln, denn wenn es einmal läuft, haben wir das Gefühl, auf dem richtigen Weg zu sein.

»Schon auf dem Weg zur Zielerreichung weiß man ja, man kommt jetzt Schritt für Schritt dahin, wo man hinmöchte. Man hat also auf der einen Seite lauter kleine Flow-Erfahrungen schon auf dem Weg, und auf der anderen Seite hat man gleichzeitig das Gefühl, dass das, was man tut, sinnvoll ist.«

DR. GERHARD HUHN, MITGRÜNDER UND LEITER DER FLOW AKADEMIE BERLIN

Sich mit Flow die Freude am Leben und an der Arbeit erhalten

Im Flow erweitern wir nicht nur unser Wissen und unsere Fähigkeiten, sondern wir nutzen beides gleichzeitig zur erfolgreichen Lösung einer Aufgabe. Dies lässt sich beschreiben als Zugewinn der Komplexität unserer Persönlichkeit, weil Differenzierung (Zunahme von Wissen, Individualisierung) und Integration (Verstehen von Zusammenhängen, Vernetzung der hinzugewonnenen Elemente) gleichermaßen eine Rolle spielen. Wer sich die Freude am Leben und an der Arbeit erhalten will, strebt daher am besten danach, regelmäßig Flow zu erfahren. Wir alle kennen Menschen, die ihres Jobs überdrüssig sind, weil sie meinen, buchstäblich alles schon gesehen, gemacht, erfahren zu haben. Langeweile macht sich breit oder Ärger, weil man sich mit den immergleichen, inzwischen als trivial empfundenen Problemen beschäftigen muss. Und wir kennen Menschen, die in der operativen Hektik des Alltags die Tiefe sinnerfüllender Tätigkeiten vermissen. Flow führt aus beiden Sackgassen heraus. Dafür muss man sich allerdings neuen Herausforderungen stellen und bereit sein, ambitionierte Lösungen zu entwickeln – kurz: Man muss bereit sein für Kreativität und Innovation!

3 Hacks für mehr erfüllendes Tun

 # Hack 1: Äußere Ordnung schafft innere Ordnung

- Wenn du dich zu rast- und ruhelos fühlst, um dich fokussiert einer Aufgabe zu widmen, versuche es einmal hiermit: Schaffe erst einmal Ordnung, räum auf, miste dein Büro aus, sorge für einen leeren Schreibtisch. Körperlich aktiv zu sein und etwas Konkretes zu tun, das baut Stress ab und beruhigt. Äußere Ordnung schafft innere Ordnung. Anschließend startest du mit deiner eigentlichen Herausforderung.

 # Hack 2: Die Pausen-Taste drücken

- Wenn Unsicherheit und Ängste dich zu überwältigen drohen, leg bewusst eine längere Pause ein. Geh raus aus der Situation. Am besten bewegst du dich an der frischen Luft oder powerst dich im Studio aus. Sport ist dann am wichtigsten und wirkungsvollsten, wenn du »eigentlich keine Zeit für Sport« hast. Du baust Adrenalin ab und bekommst den Kopf wieder frei.

 # Hack 3: Geh den ersten Schritt

- Sei dir bewusst, dass du heute noch nicht alles lösen wirst und auch nicht lösen musst. Weiche also nicht zurück vor einer Aufgabe, die dir im ersten Augenblick einen Schrecken einjagt. Überlege stattdessen, welche Schritte du konkret unternehmen kannst, um diese Aufgabe anzugehen. Was brauchst du? Wer kann dich unterstützen, zum Beispiel mit Informationen oder Rat? Wie lässt sich das Ganze in Einzelaufgaben zerlegen? Was wäre ein sinnvoller erster Schritt? Der weitere Weg wird sich zeigen, während du gehst.

»Kreativität ist das Runterbrechen einer riesigen Aufgabe, eines riesigen Berges in viele kleine Stücke.«

KIM REINSCH, GESCHÄFTSFÜHRERIN TEXTIL BAU GMBH

5 Selbstdisziplin: Wilder Wille schlägt Komfortzone

»Jeder, der schon mal geduscht hat, hatte eine Idee. Derjenige, der aus der Dusche steigt, sich abtrocknet und etwas unternimmt, macht einen Unterschied«, so Nolan Bushnell, US-amerikanischer Ingenieur und Unternehmer. Vielleicht geht es dir wie mir: Bis ich auf dieses Zitat stieß und schmunzeln musste, war Nolan Bushnell mir kein Begriff. Dabei ist er eine beeindruckende Persönlichkeit. Er gründete mehr als 20 Unternehmen, darunter Atari und die Restaurantkette Chuck E. Cheese's (2019 über 900 Millionen Dollar Umsatz[59]). Er gilt überdies als einer der Gründerväter der Videospielbranche und wurde von Newsweek zu den »50 Menschen, die Amerika veränderten« gezählt.[60] Sein Bonmot bringt es auf den Punkt: Ideen zu haben reicht nicht. Es braucht Hartnäckigkeit und Durchhaltevermögen, damit eine Idee die Chance auf Umsetzung hat. Kurz: Es braucht Disziplin.

Wie wir Menschen gestrickt sind

Seit die Generation der 68er die Hörsäle stürmte, hat der Ruf der Disziplin schwer gelitten. Sie wurde mit Kadavergehorsam und Obrigkeitsdenken in Verbindung gebracht und galt als Wegbereiter autoritärer Systeme. Doch mir geht es natürlich nicht um diese dunkle Seite der Disziplin, die blinde Unterwerfung unter externe Normen und Regeln fordert, egal, wie menschenverachtend sie sein mögen. Mir geht es um Selbstdisziplin, darum, die nötige Willenskraft und das erforderliche Durchhaltevermögen aufzubringen, die eigenen Ziele zu erreichen. »Den Anfang macht die Idee, das Ende erreicht die Disziplin«, heißt es. Diese Erkenntnis hat in den letzten Jahren zu einer Rehabilitierung der (Selbst-)Disziplin geführt. Das stärkste Argument ihrer Anwälte lautet schlicht: Disziplinierte Menschen sind erfolgreicher und glücklicher. Darin ist sich beispielsweise der Psychologe Roy Baumeister, Autor des Bestsellers »Die Macht der Disziplin«, mit prominenten Fachkollegen wie Martin Seligman einig.

Die Bedeutung von Hartnäckigkeit und Willenskraft

Seligman und Angela Duckworth ließen Schüler verschiedene Tests absolvieren, in denen unter anderem Selbstdisziplin und Selbstbeherrschung sowie Intelligenz gemessen wurden. Die ersten beiden Faktoren erwiesen sich als ausschlaggebender für den Schulerfolg als der IQ.[61] Das ahntest du vielleicht schon als Teenager, als du dich über den strebsamen Klassenbesten geärgert hast. Leider kannst du dich nicht wie damals damit trösten, dass wahre Genies über solche Sekundärtugenden erhaben sind. Laut Howard Gardner, einem Harvard-Professor, der die Lebensläufe von Ausnahmepersönlichkeiten von Wolfgang Amadeus Mozart bis Virginia Woolf analysierte, zeichneten sich alle besonders kreativen Menschen unter anderem durch eine ausgeprägte Hartnäckigkeit und Willenskraft bei der Verfolgung ihrer kreativen Ziele aus.[62]

Verwunderlich ist das nicht: Um Unsicherheit, Selbstzweifel, Misserfolge und Durststrecken zu überwinden, braucht es Disziplin – egal, ob es sich um eine Symphonie oder »nur« um ein neues Produkt, ein neues Design oder eine neue Marketingstrategie handelt. Doch mit dem nötigen Durchhaltevermögen tun wir uns im Alltag schwer. Warum ist das so? Schon im 3. Jahrhundert vor Christus postulierte der griechische Philosoph Epikur, dass der Mensch vor allem Schmerz oder Unlust vermeiden und Lust (im Sinne von Lebensfreude und Seelenfrieden) gewinnen möchte. In der Neuzeit haben wir dafür den »inneren Schweinehund« erfunden, der uns regelmäßig daran hindert, im Grunde sinnvolle, zugleich aber unbequeme Maßnahmen zu ergreifen. Mit dieser Personifizierung stehlen wir uns ein wenig aus der Verantwortung – wir können ja nix dafür, Schuld hat der innere Schweinehund. Das Fatale ist, dass kurzfristiger Lustgewinn mittel- und langfristig oft negative Folgen hat, wie uns sehr wohl bewusst ist. Wer das Sofa wählt statt den Sportkurs, bekommt irgendwann Gesundheitsprobleme, ständig Fastfood statt Gemüse führt zu Übergewicht, das Festhalten am Gewohnten bedeutet Stillstand. Dabei ist die Komfortzone in Zeiten des Wandels auf Dauer nicht nur ein gefährlicher Ort, sie ist auch ein Hort der Unzufriedenheit. Verharrst du dauerhaft in deiner Komfortzone, bleiben echte Erfolgserlebnisse aus, du lernst nichts mehr dazu, und du entwickelst dich nicht weiter. Disziplinierte Menschen sind auch deswegen zufriedener, weil sie regelmäßig den Lohn der Mühe ernten.

Lust gewinnen, Unlust vermeiden

Eigentlich wissen wir all das. Nur leider führt es nicht automatisch dazu, dass wir uns leichter damit tun, durchzuhalten, wenn uns etwas mal wenig Freude macht. Beim Nachdenken über Neues ist diese Haltung ein echtes Hindernis, denn inzwischen ist klar: Kreative Erfolgserlebnisse stellen sich nicht auf Knopfdruck ein. Sie verlangen zeitweise auch hartnäckiges Dranbleiben und damit Disziplin, sowohl in der Startphase der Ideenfindung als auch beim Ausarbeiten von Ideen (oder ihrem Verwerfen) und bei der Umsetzung in die Praxis. Selbst ein kreativer Geistesblitz stellt sich am ehesten dann ein, wenn das Gehirn durch inten-

Kreativität ist immer ein Verlassen der Komfortzone.

sive Beschäftigung mit dem Thema entsprechend vorbereitet ist (siehe dazu den Abschnitt »Dein Gehirn schläft nie« in Kapitel 3).

Auch die Willenskraft spielt eine Rolle.

Kreativität ist zudem per definitionem unbequem, nicht »komfortabel«, denn das Neue spielt sich in der Regel außerhalb unserer Komfortzone ab. In dem bereits erwähnten Buch »Flow und Kreativität« schreibt Mihály Csíkszentmihályi dazu: »Normalerweise fühlen wir uns hin- und hergerissen zwischen zwei gegensätzlichen Instruktionen, die in unser Gehirn einprogrammiert sind: zwischen dem Befehl des geringsten Energieaufwandes einerseits und der Forderung nach Kreativität andererseits. Bei den meisten Menschen ist die Entropie stärker ausgeprägt – sie haben mehr Spaß an wohltuender Entspannung als an herausfordernden Entdeckungen.« Er führt dies unter anderem darauf zurück, dass es leichter fällt, bei evolutionär älteren und damit tiefer in uns verwurzelten Tätigkeiten (etwa Essen, Sex, Gewalt) Vergnügen zu empfinden als bei »Aktivitäten, die erst vor Kurzem in unserer Evolution entdeckt wurden, wie die Manipulation von symbolischen Systemen durch mathematische, künstlerische, dichterische oder musikalische Betätigungen«.[63] Hoffen lässt, dass für Csíkszentmihály grundsätzlich alle Menschen das Potenzial haben, aus der erfolgreichen Bewältigung von anspruchsvollen Herausforderungen einen Lustgewinn zu ziehen. Sonst hätten wir vermutlich nie schwimmen, Auto fahren und vielleicht noch nicht einmal laufen gelernt. Ein wichtiger erster Schritt zu mehr persönlicher und auch organisatorischer Kreativität ist für mich daher das Bewusstsein: Ohne Disziplin geht es nicht! Wenn die Herausforderungen groß sind, wir zwar die Fähigkeiten haben, die Ziele klar sind und wir trotzdem das Gefühl haben, wir kommen momentan weiter, dann hilft nur der Wille. Ein Verständnis davon, wie unsere Willenskraft – der Motor der Disziplin – funktioniert, ist daher ein weiterer wichtiger Schritt zu mehr Kreativität.

Warum Politiker über Sexskandale stolpern

Willenskraft ist das Hauptelement der Disziplin, die im Duden definiert wird als »das Beherrschen des eigenen Willens, der eigenen Gefühle und Neigungen, um etwas zu erreichen«. Mit dem Wort Willenskraft wird oft eine einzige Heldentat in Verbindung gebracht, etwa, wenn ein Sportler mit letzter Kraft ein schier übermenschliches Ziel erreicht. Die interessante Nachricht ist jedoch, dass Willenskraft eher eine gleichbleibende Ressource ist und kein kurzfristig aktiver Turbo – sozusagen ein Marathon und kein Sprint. »Wir benutzen dieselbe Willenskraft, um mit dem frustrierenden Verkehr, verlockenden Süßigkeiten, nervigen Kollegen, unzufriedenen Chefs und quengelnden Kindern fertigzuwerden«, stellt Roy Baumeister in seinem Buch über »Die Macht der Disziplin« klar. Und diese Willenskraft ist endlich – je mehr wir im Laufe eines Tages schon verbraucht haben, desto schwerer fällt es uns, weiterhin diszipliniert zu sein. Baumeister spricht in diesem Zusammenhang von »Ego-Erschöpfung«.[64] Du erlebst das selbst, wenn du nach einem Tag besonders nerviger Meetings oder anstrengender Denkarbeit vor dem Kühlschrank stehst und dann doch lieber deine Lieblingspizza bestellst, statt dir einen Salat zu machen. Oder wenn du dich mit Wein und Schokolade für harte Arbeit belohnst, obwohl du eigentlich gesünder leben wolltest. Man gönnt sich schließlich sonst nichts!

Je mehr Willensstärke verbraucht wird, desto gefährlicher sind Versuchungen.

Dieser Mechanismus ist eine mögliche Erklärung dafür, dass sonst sehr schlaue Menschen gelegentlich über ausgesprochene Dummheiten stolpern. Wenn Politiker sich in Sexskandale verstricken, durch die private Nutzung von Flugmeilen in die Schlagzeilen kommen oder potenziellen Geschäftspartnern leichtsinnig Gefälligkeiten erweisen, wird das durch ihren durchgetakteten, viel Disziplin erfordernden Alltag vermutlich begünstigt. Ihr Handeln mag verwerflich sein, ist aber sehr menschlich. Wer sich ständig an die Kandare nimmt, möchte eben auch mal die Zügel schleifen lassen. Oder, wie es einst ein Kinderbuch auf den Punkt brachte: »Immer brav sein, das schafft keiner!«[65]

Gute Gewohnheiten entlasten.

Die gute Nachricht ist: Unsere Willenskraft mag zwar endlich sein, aber wir können sie steuern, indem wir unser Leben so einrichten, dass wir sie nicht unnötig verschwenden. Eine wahre Wunderwaffe dabei sind gute Gewohnheiten. Alles, was du tust, ohne dich bewusst (willentlich) dafür entscheiden zu müssen, erspart dir Willenskraft. Ein simples Beispiel: Für die allermeisten Erwachsenen dürfte es keine große Anstrengung erfordern, sich täglich morgens und abends die Zähne zu putzen. Bei kleinen Kindern ist das anders: Zähne putzen ist ein wahrer Kraftakt, der unzählige Diskussionen mit Mama oder Papa erfordert (ebenso wie Gesicht waschen und später Schulrucksack packen, Vokabeln lernen und so weiter). Irgendwann siegt zumindest beim Zähneputzen und Waschen die Macht der Gewohnheit. Du kannst dir diese Macht in vielen Lebensbereichen zunutze machen, um deine Disziplin zu stärken oder deine Willenskraft zu entlasten: beim Sport, bei deiner Ernährung oder auch bei deinem Outfit. Wiederkehrendes, das du erfolgreich in Routinen überführst, erledigst du »diszipliniert«, ohne dass du dich dafür anstrengen musst. Solange du dich morgens bewusst fürs Joggen entscheiden musst, kostet dich das Kraft. Erst, wenn du ohne nachzudenken in den Sportdress schlüpfst, weil »Joggingtag« ist, hat die Disziplin deinen inneren Schweinehund dauerhaft besiegt. Dasselbe gilt für dein Outfit. Wenn du hier Standards etablierst, sparst du gleich morgens eine Menge Energie, weil du dich vor deinem Kleiderschrank nicht groß entscheiden musst. Etliche viel beschäftigte Menschen verfahren ganz offensichtlich nach dieser Devise: Mark Zuckerberg, Steve Jobs, Angela Merkel. Wie viele Jahre hat die Ex-Kanzlerin die immergleiche Uniform von Hose und Knopfblazer getragen, bei dem nur die Farbe wechselte? Auch Albert Einstein soll seine Lebenszeit für zu kurz befunden haben, um sich mit Kleidungsfragen zu beschäftigen. Fotos zeigen ihn bei öffentlichen Anlässen stets mit weißem Hemd und Anzug, bei weniger formellen Gelegenheiten wechselte er zum schlichten Strickpulli.

Je weniger Entscheidungen dir die trivialen Fragen des Alltags abfordern, desto mehr Kapazität hast du, dich auf das wirklich Wichtige zu konzentrieren, beispielsweise auf kreative Ideen. Dabei hilft auch eine gewohnheitsmäßige Gestaltung des Tagesablaufes. Hierzu noch einmal Csíkszentmihályi: »Die meisten kreativen Individuen finden relativ früh heraus, was für sie persönlich der beste Schlaf-, Essens- oder Arbeitsrhythmus ist. Diesen Rhythmus halten sie ein und widerstehen der Versuchung, davon abzuweichen.«[66] Und selbst wenn dein Arbeitsalltag stärker fremdbestimmt ist als der eines freischaffenden Künstlers, hast du immer noch gewisse Einflussmöglichkeiten.

Sei geizig mit deiner Energie.

»*Kreativität bedeutet auch, sich zu erlauben, dass nicht alles auf den Punkt perfekt sein muss. Ich habe pro Tag immer eine Geschichte geschrieben und am nächsten Tag habe ich diese überarbeitet und eine neue geschrieben. Das war, um eine Brücke zu schlagen.*«

IBO (INGEBORG) TRAMPE, BUCHAUTORIN

Gute Gewohnheiten können nicht nur dazu führen, dass du gesünder, fitter und energiegeladener bist. Sie helfen dir auch, fokussierter durch den Tag zu gehen. Hast du das erst einmal gespürt, geht es dir vielleicht wie mir und du verschwendest deine Willenskraft nicht länger an Kleinigkeiten. Wenn ich beispielsweise auf einer Geschäftsreise mehrere Tage im selben Hotel bin, entscheide ich mich am ersten Morgen für ein bestimmtes Frühstück und bleibe dann einfach dabei. Das erspart mir Kopfzerbrechen und süße Versuchungen. Was du allerdings wissen solltest: Gewohnheiten zu etablieren kostet Zeit. Psychologen sind sich nicht ganz einig, ob es nun 21, 30 oder 40 Tage dauert, bis sich ein neues Verhalten als Gewohnheit eingeschliffen hat. Wahrscheinlich hängt das davon ab, worum es sich handelt, wie gravierend die Verhaltensänderung für dich ist und wie gut deine Willenskraft trainiert ist. Es braucht in jedem Fall zahlreiche Wiederholungen, bis du dich nicht mehr fragst: »Soll ich heute wirklich joggen gehen?« Nimm dir also am besten nicht zu viel auf einmal vor. Es ist allemal besser, eine Sache tatsächlich durchzuziehen, als sich vieles gleichzeitig nur vorzunehmen. Übrigens: Du kannst die Macht der Gewohnheit selbstverständlich auch dafür nutzen, um dir ungestörte Zeit für Kreativität zu blocken!

Wie du Selbstdisziplin trainierst

»Ich würde schätzen, dass kreative Menschen nicht deshalb nichts auf die Reihe bekommen, weil ihnen Talent oder die Vision fehlt, sondern in den meisten Fällen [fehlt] einfach nur die Selbstdisziplin«, sagt der Ex-Navy-Seal Jocko Willink in einem Interview.[67] Die Navy Seals als Elitetruppe der US-Streitkräfte sind ohne Zweifel Experten in eiserner Disziplin. Ihr Selbstverständnis wird unter anderem in der »40-Prozent-Regel« deutlich: »Wenn dein Verstand dir sagt, du kannst nicht mehr, hast du erst 40 Prozent deiner Leistungsfähigkeit erschöpft.«[68] Ihr inoffizielles Motto lautet passend dazu: »The only easy day was yesterday.« Das klingt martialisch und mag im Büroalltag überzogen sein. Dennoch: Sich gedanklich davon zu verabschieden, das Leben im Allgemeinen und Kreativität im Besonderen müssten »leicht« sein, hilft enorm bei der Bewältigung von Herausforderungen. Wo die Motivation versagt, ist Disziplin der rettende Anker, der am Aufgeben hindert und am Ende positive Ergebnisse bringt.

Die Willenskraft systematisch stärken

Selbstdisziplin ist daher eine der beiden Eigenschaften, die am meisten zu unserem Wohlbefinden beitragen. Die zweite ist Intelligenz. Während Intelligenz stark genetisch bedingt ist, lässt sich Selbstdisziplin trainieren wie ein Muskel. Sie erschöpft sich über den Tag und regeneriert sich über Nacht. Manchen Menschen ist durch Prägung, Erziehung und Vorbilder diszipliniertes Verhalten in Fleisch und Blut übergegangen. Sie haben wiederholt erfahren, dass Durchhalten sich lohnt, ihr Willensmuskel ist gut trainiert. Andere tun sich schwerer. Hier einige Strategien, wie du deine Willenskraft stärken kannst.

1. **Den Tag diszipliniert beginnen:** Steh sofort auf, wenn dein Wecker klingelt. Mach dein Bett jeden Morgen und beweg dich mindestens zehn Minuten. Du bist wacher und stärkst das Vertrauen in deine Selbstwirksamkeit.
2. **Klein anfangen:** Gib dir selbst kleine Versprechen und übe dich darin, diese Versprechen einzuhalten. Beispiel: »Heute Abend trinke ich kein Glas Wein.« Je öfter es dir gelingt, solche Mini-Challenges zu bestehen, desto mehr wirst du dir zutrauen.
3. **Unangenehmes sofort erledigen:** Mach eine Sache, die dir schwerfällt, auch wenn dir nicht danach ist. Das kann die Reisekostenabrechnung sein oder ein unangenehmer Anruf. »If it's your job to eat a frog, it's best to do it first thing in the morning«, lautet Mark Twains Empfehlung dazu. Unangenehmes gleich erledigt zu haben, gibt dir Schwung für den Rest des Tages.
4. **Sich in Zugzwang bringen:** Ein einfacher, aber wirkungsvoller Trick: Erzähle jemandem, dessen Urteil dir wichtig ist, von einem Vorhaben, für das du Disziplin brauchst. Es sollte dir peinlich sein, wenn du nicht in die Gänge kommst. Du darfst natürlich auch mehrere Personen in deine Pläne einweihen.
5. **Gewohnheiten aufbauen:** Mach dir positive Verhaltensweisen nach und nach zur Gewohnheit und spare dadurch Willenskraft. Ein Verhalten ist dann eine Gewohnheit oder Routine geworden, wenn du nicht mehr darüber nachdenken musst, um in die Gänge zu kommen (siehe dazu den vorigen Abschnitt »Warum Politiker über Sexskandale stolpern«).
6. **Kreative Routine entwickeln:** Lerne dich selbst besser kennen und entwickele Routinen, die dir bei der kreativen Arbeit helfen, beispielsweise, um mit Blockaden umzugehen (siehe nächster Abschnitt), aber auch, um den Kopf frei zu bekommen, störungsfreie Zeiten zu sichern und Ähnliches.
7. **Eine Selbstverpflichtung eingehen:** Setze dir überschaubare Tagesziele für die kreative Arbeit, die du dann konsequent einhältst. Schriftsteller beispielsweise verpflichten sich häufig, täglich mindestens eine bestimmte Zahl von Seiten oder Wörtern zu schreiben oder in einem bestimmten Zeitraum täglich an ihrem Manuskript zu arbeiten. Wie könnte deine »Kreativregel« aussehen?

8. **Erfolge wertschätzen:** Gib dir selbst ein »High Five«, wenn du Selbstdisziplin bewiesen hast. Wertschätze deine Erfolge, auch kleinere. Vergleiche dich nicht mit Menschen, die besser sind als du (es gibt immer einen, der noch besser ist). Vergleiche dich mit deinem Ich von gestern.
9. **Nicht zu streng mit sich sein:** Du wirst deine Vorsätze nicht in jedem Fall einhalten, das ist menschlich. Sei nicht zu streng mit dir und wirf vor allem nicht gleich die Flinte ins Korn. Wenn du einmal (oder sogar ein paar Mal) inkonsequent warst, bedeutet das nicht, dass »alles keinen Sinn macht«. Nimm einen neuen Anlauf.

Wenn du es schaffst, in einem Bereich deine Willenskraft zu stärken, strahlt das auf andere Bereiche aus und ermutigt dich, nach und nach größere Herausforderungen anzugehen. Und kreativ sein bedeutet manchmal eben auch, Dinge anzugehen, wenn einem nicht danach ist!

Strategien gegen Blockaden und Aufschieberitis

In jedem kreativen Prozess kann es zwischendrin zu Blockaden kommen. Das ist nicht ungewöhnlich, es gehört zur Kreativität dazu wie der Muskelkater zum sportlichen Wettkampf. Alle kreativ Tätigen kennen den »Stuck«, auch wenn er im Alltag selten zum Thema gemacht wird.

»In der Kreativbranche ist es häufig so: Man darf nicht ›nicht können‹. Keiner traut sich darüber zu reden, eine Blockade zu haben, ob nun eine größere oder eine kleine. Später stellt man fest, man ist damit nicht alleine und sollte sich ruhig ein bisschen mehr Zeit geben. Schwierig wird es, wenn einem diese Zeit nicht eingeräumt oder auch die Schuld zugewiesen wird, im Umfeld oder von Vorgesetzten beispielsweise – nach dem Motto ›du bist doch kreativ, du hast es selbst in der Hand‹.«

DIRK ZILKEN, KOSTÜMDESIGNER

Wenn du das Gefühl hast, es geht momentan gar nichts mehr, ist das also kein Grund zur Panik, sondern ganz normal. Kein Mensch ist permanent in Hochform, und wenn es einfach wäre, wäre das Ergebnis vermutlich auch keine Innovation. Außerdem haben Ideen eine gewisse Inkubationszeit, wie wir in Kapitel 3, »Stärke: Die Unsicherheit schätzen lernen«, gesehen haben. Anzuerkennen, dass du gerade blockiert bist und es wenig sinnvoll ist, Output erzwingen zu wollen, ist also erst einmal richtig und wichtig. Es gibt verschiedene Möglichkeiten, was du tun kannst, um eine Blockade zu überwinden. Zunächst ist Ursachenforschung wichtig. Manchmal liegt das Problem gar nicht im Projekt, sondern anderswo. Du bist beispielsweise übermüdet, abgelenkt oder in Emotionen von Wut und Trauer bis zu Schmetterlingsgefühlen verwickelt. Dann brauchst du einfach eine Atempause, in der du wieder fit und ruhig wirst. Manchmal sind es auch deine inneren Antreiber, die dich in eine Sackgasse führen. In der Psychologie unterscheidet man fünf typische Glaubenssätze, die unser Verhalten steuern können und sich in Stresssituationen besonders laut zu Wort melden[69]:

Keine Panik, Blockaden sind normal.

- Sei stark!
- Sei perfekt!
- Mach es allen recht!
- Streng dich an!
- Mach schnell!

Welche dieser Botschaften hast du in deiner Kindheit mitbekommen und möglicherweise verinnerlicht? Paradoxerweise ermuntern all diese Antreiber zu mehr Disziplin, und die brauchen wir durchaus, um kreative Ergebnisse zu erzielen. Gleichzeitig hat Kreativität aber auch eine spielerische, unkalkulierbare Seite, wie wir gesehen haben. Deshalb bringt dich der Durchhaltemodus phasenweise nicht weiter. Wenn du das erkennst, verabschiedest du dich am besten konsequent von deinem Antreiber. Du bist sozusagen eine gewisse Zeit »diszipliniert undiszipliniert«. Was heißt das konkret? Hier einige Vorschläge:

Abstand gewinnen hilft.

Blockadeauflöser 1: Entspanne dich!

Erholung und Auszeiten sind wichtig im kreativen Prozess. Gerade am Anfang und besonders, wenn man sehr begeistert von einem Projekt ist, neigt man dazu, sich auszupowern, bis einem nichts mehr einfällt. Sag dann bewusst »Stopp!«. Mach Sport, leg dich in die Badewanne oder geh früh schlafen. Manche Menschen schwören auch auf progressive Muskelentspannung nach Jacobson. Du findest im Netz viele Entspannungsübungen.

Blockadeauflöser 2: Wechsele die Tätigkeit!

Mach etwas, das dich auf andere Gedanken bringt. Viele meiner Gesprächspartner im Podcast »Code of Creativity« berichten, dass sie bei Blockaden etwas tun, das ebenfalls kreativ ist, mit der blockierten Aufgabe aber nichts zu tun hat – kochen, malen, singen, was immer dir Spaß macht.

Blockadeauflöser 3: Wechsele den Kontext!

Manchmal hilft es, an einem anderen Ort zu arbeiten, im Gartenhaus oder der Ferienwohnung statt zu Hause. Oder in einem leeren Meetingraum statt am eigenen Schreibtisch mit dem Telefon in Griffweite.

Blockadeauflöser 4: Keine Angst vor dem leeren Blatt!

Meiner Beobachtung nach kommt es nicht selten schon ganz am Anfang eines Projekts zu einer Blockade. Du willst loslegen, weißt aber nicht, wie. Du wirst unruhig und fragst dich, ob dabei etwas herauskommen kann und ob du überhaupt der/die Richtige für all das bist. Lass dich davon nicht ausbremsen. Begrüße die Unruhe wie einen Freund. Sie muss kein Hindernis sein, sie kann dich auch pushen, ähnlich wie das Lampenfieber vor einem Auftritt. Wenn das nicht hilft, schreib alles auf, was dich deiner Meinung nach behindern könnte. Schwarz auf weiß notiert, verlieren diffuse Bedenken häufig ihren Schrecken. Hilfreich ist auch der Gedanke, dass der erste Anlauf nicht perfekt sein muss (und auch nicht perfekt sein kann). Selbst wenn das, was du heute zu Papier bringst, am Ende nicht funktioniert, wirst du danach einen Schritt weiter sein: Du weißt dann, was nicht geht, und kannst in Abgrenzung dazu andere Ideen entwickeln.

Blockadeauflöser 5: Tausch dich aus!

Sprich mit jemandem über dein Projekt – am besten mit einer Person, die nicht involviert ist und unbefangen an das Ganze herangeht. Das kann ein Experte auf dem Gebiet sein, aber auch jemand, der gar nicht aus dem Metier kommt und unbefangen Fragen stellt. Manchmal trägt schon die Beschreibung deiner Aufgabe für jemand anderen, ob Laie, ob Fachmann, dazu bei, dass du wieder klarer siehst. In anderen Fällen kann die Lösung sein, im Tandem mit jemandem zu arbeiten, der neue Perspektiven und Ideen einbringt und so deine Kreativität wieder beflügelt (Co-Creation).

Zu individuellen Blockaden kommen im Unternehmen noch solche hinzu, die sich aus dem Umfeld ergeben, beispielsweise Konformitätsdruck im Team (»Group Think«), unrealistische Zeit- und Zielvorgaben, die Sorge, sich zu blamieren, oder einengende Vorgaben, wie man zu einer Lösung kommen darf und wie diese aussehen soll. Mehr dazu im zweiten Teil des Buches (Kapitel 7: »Kreativitätskultur«).

Die Aufschieberitis besiegen

Ein weiteres Hindernis im kreativen Prozess ist die Prokrastination, landläufig auch als Aufschieberitis bekannt. Jeder von uns hat vermutlich schon einmal unangenehme Aufgaben vor sich hergeschoben. Klassiker sind die Steuererklärung oder der Zahnarztbesuch. Neben mangelnder Motivation können Versagensängste die Ursache sein, Mangel an Planung oder ungenügender Fokus auf das Wesentliche. Disziplin ist der natürliche Feind der Prokrastination, insofern helfen die Strategien, die ich weiter oben empfohlen habe. Besonders wirksam sind die Etablierung von Arbeitsgewohnheiten, die die Aufschieberitis aushebeln (zum Beispiel »Ich starte gleich morgens mit meinem anspruchsvollsten Projekt«), und das Eingehen einer Selbstverpflichtung, die den kreativen Prozess vorantreibt (»Ich zeichne mindestens einen Entwurf pro Tag«). Auch eine konsequente Zeitplanung, bei der das Projekt vom Endergebnis her gedacht und in Einzelschritte zerlegt wird, sorgt dafür, dass du bei der Stange bleibst: Was muss bis wann passiert sein, damit bis zum Tag X alles fertig ist? Wenn Planung nicht zu deinen Stärken gehört, suche dir am besten einen Sparringspartner, der dich dabei unterstützt und sich anschließend regelmäßig erkundigt, ob du noch »im Plan« bist.

Prokrastinationsmuster erkennen

Dank unserer Intelligenz sind wir Meister der kreativen Selbstüberlistung. Und wie Csíkszentmihályi schon betonte, ist unser Gehirn darauf programmiert, Energie zu sparen. Deshalb fallen uns auch so leicht Dutzende Gründe ein, warum es gerade jetzt nicht günstig ist, mit einer anstrengenden Aufgabe zu beginnen. Leichter kommst du dir selbst auf die Schliche, wenn du dein typisches Prokrastinationsmuster kennst. In welchem der folgenden Ausweichmuster erkennst du dich am ehesten wieder?

Ausweichmuster 1: Indirekte Prokrastination – »Erst brauche ich noch …«

Statt den Stier bei den Hörnern zu fassen und dich der eigentlichen Fragestellung zu widmen, verzettelst du dich in vorbereitenden Maßnahmen: Erst brauchst du noch das richtige Papier oder das neue Kreativ-Kit. Du willst dich vorher noch ins Thema einlesen, und das bestellte Buch ist noch nicht da. Auf diese Weise verschiebst du den Start von Tag zu Tag und hast sogar eine »vernünftige« Begründung dafür.

Ausweichmuster 2: Verwöhn-Prokrastination – »Das habe ich mir jetzt verdient …«

Man soll sich für Erfolge belohnen, schon klar. Ungünstig ist, wenn auf kleine Erfolge große Belohnungen folgen und jede Idee ausgiebig gefeiert wird, mit einer langen Pause oder mit dem Einläuten des Feierabends. Das zieht den Prozess unnötig in die Länge.

Ausweichmuster 3: Schwarzer-Peter-Prokrastination – »Ich würde ja gern, aber …«

Hier ist jemand anders verantwortlich dafür, dass du nicht starten oder weitermachen kannst. Doch wenn du ehrlich bist, könntest du die nötigen Infos entweder einfordern oder auch ohne sie die ersten Schritte gehen.

Ausweichmuster 4: Kamikaze-Prokrastination – »Es wird knapp, aber ...«

Eigentlich weißt du, dass es allerhöchste Zeit wird. Wider besseres Wissen beschäftigst du dich dennoch mit anderen Dingen (»auch wichtig«) oder nimmst private Termine wahr (»da kann ich unmöglich absagen«). Am Ende steht eine Nachtschicht an, und dank deines hohen Adrenalinspiegels bekommst du tatsächlich etwas zustande. Ob das wirklich gut ist, steht auf einem anderen Blatt.

Ausweichmuster 5: Tagesform-Prokrastination – »Heute bin ich nicht so gut drauf ...«

Du fühlst dich gerade nicht fit genug, bist zu unkonzentriert, zu müde, zu schlecht gelaunt. Leichtes Kopfweh deutet sich an. Und dieses wichtige Projekt willst du natürlich in Topform starten! Das ist das klassische Musenkuss-Argument und die älteste Ausrede der Welt. Also unter deiner Würde!

Ausweichmuster 6: Vogel-Strauß-Prokrastination – »Es ist ja noch lang hin ...«

Du redest dir ein, dass ja keine Eile besteht, weil es noch drei Wochen bis zur Deadline sind. Ob deine Einschätzung realistisch ist, kannst du am ehesten daran ablesen, wie oft du in der Vergangenheit kurz vor knapp dann doch unter enormen Zeitdruck geraten bist. Und nein, dieses Mal ist nicht alles anders. Es wird enden wie immer.

Ausweichmuster 7: Strategische Prokrastination – »Ich brauche einfach den Zeitdruck ...«

Unter Druck läufst du zu Hochform auf? Das behaupten gar nicht so wenige Menschen und kokettieren mit literweisem Kaffeekonsum und durchgearbeiteten Nächten auf den letzten Metern. Ob das wirklich stimmt oder nur eine Arbeitsgewohnheit ist, die dich und dein Umfeld unnötig Nerven kostet, zeigt am ehesten die Gegenprobe. Schau doch mal, was herauskommt, wenn du entspannter und ohne massiven Zeitdruck arbeiten kannst.

Ich selbst habe mich schon bei fast jeder dieser Prokrastinationsformen ertappt. Dagegen hilft schlicht Selbstreflexion: Wenn ein rotes Lämpchen bei dir aufleuchtet, sobald du dich bei einer der typischen Aufschieberitis-Begründungen ertappst, kannst du am ehesten gegensteuern. Und das Schöne ist: Ein kleiner Moment der Selbstüberwindung zahlt sich mittelfristig um ein Vielfaches aus. Ist ein Konzept, ein Entwurf, eine Idee beispielsweise einige Tage vor dem eigentlichen Abgabetermin fertig, kannst du mit etwas Abstand und mit frischem Kopf noch einmal drüberschauen und ihm den letzten Schliff geben. Vielleicht versuchst du es zur Abwechslung mal mit Präkrastination?

3 Hacks für mehr Willensstärke

 # Hack 1: Die Fünf-Sekunden-Regel

- Dieser Hack stammt von der US-Autorin Mel Robbins, die sich in einer schwierigen Lebensphase angeblich durch einen Raketenstart dazu inspirieren ließ. Mel hatte keinen Job, trank zu viel Alkohol und begann, ihre Kinder zu vernachlässigen. Sie kam morgens kaum aus dem Bett und konnte sich nicht überwinden, notwendige Dinge anzugehen, um ihr Leben wieder in den Griff zu bekommen. Der Countdown vor dem »Lift off« einer Rakete brachte sie auf die Idee der »Fünf-Sekunden-Regel«: Statt morgens wiederholt die Snooze-Taste des Weckers zu drücken, zählte sie gleich beim ersten Weck-Ton »5 – 4 – 3 – 2 – 1« herunter und stand sofort auf.[70] Dieser simple Trick bewährt sich immer dann, wenn du dich vor einer Sache drücken willst. Keine Lust auf Sport? »5 – 4 – 3 – 2 – 1« – und rein in die Laufschuhe! Du hast nur dieses Fünf-Sekunden-Fenster, bis die Gedanken und Gefühle einsetzen, die dir einflüstern, es doch nicht zu tun. Sollst du wirklich mit der Ideenfindung für das neue Projekt anfangen? »5 – 4 – 3 – 2 – 1« – und her mit dem Skizzenblock. Beim Zählen kannst du dir keine weiteren Ausreden ausdenken! Warte also nicht, bis du dich »motiviert« für eine Aufgabe fühlst. Entscheide dich dafür, sie jetzt in Angriff zu nehmen. Die Motivation kommt dann beim Tun.

 # Hack 2: Trainiere täglich deine Willenskraft

- Tue Dinge, die dir schwerfallen, zum Beispiel jeden Tag kalt zu duschen – egal, ob es regnet oder schneit, ob es 6 Uhr morgens ist oder mittags. Wenn das keine Herausforderung mehr für dich ist, suche dir eine andere. Habe eine Tafel deiner Lieblingsschokolade in der Schublade, ohne sie zu öffnen. Verzichte eine Woche auf Fleisch, obwohl du Schnitzelfan bist. Die Erfahrung, dass du kannst, wenn du willst, stärkt dich auch für andere Situationen. Überdies gewöhnst du dich daran, dass du selbst es bist, der dein Leben beherrscht, und nicht spontane Impulse oder Gedankenlosigkeit dies für dich übernehmen.

 # Hack 3: Rufe dir das Warum deines Ziel in Erinnerung

- Wenn du ins Stocken gerätst oder Mühe hast, die nötige Disziplin für etwas aufzubringen, rufe dir das Warum deines Tuns vor Augen. Je konkreter du dir dein Zielbild ausmalst, desto besser. Wie soll das Ergebnis deiner Anstrengungen aussehen, und welche positiven Auswirkungen wird das für dich haben? Statt mit einem mentalen Bild zu arbeiten, kannst du dein Zielbild auch malen oder eine Collage mit Fotos aus dem Netz oder aus Zeitschriften erstellen. Wenn du später einen Blick auf dein Zielbild wirfst, tauchst du für einen Moment aus den Detailproblemen des Alltags auf und nimmst wieder das große Ganze ins Visier. Das hilft beim Durchhalten!

Fazit:
Die 10 Gebote der Kreativität

1. **Jeder Mensch ist kreativ.**
   Wenn du zweifelst, sei mutig und probiere es aus!

2. **Es gibt keine Zoos für Ideen.**
   Ideen findest du überall.

3. **Lass deine Gedanken schweifen.**
   Das ist ein Nährboden für Kreativität.

4. **Der Zufall ist dein Freund.**
   Vertrau auf dich – und auf Anregungen von außen.

5. **Entdecke das Kind in dir – spiele!**
   Spontaneität hilft, wo starre Methoden Grenzen haben.

6. **Schaffe dir Freiräume, auch im Unternehmen**
   Auf einer Galeere ist niemand kreativ.

7. **Bringe zusammen, was nicht zusammengehört.**
   Das hilft dir beim Verlassen ausgetretener Denkpfade.

8. **Habe keine Angst vor dem Scheitern.**
   Es gibt keine Misserfolge, nur Umwege.

9. **Was dich anstrengt, macht dich glücklich.**
   Flow entsteht, wenn du erfolgreich Grenzen auslotest.

10. **Disziplin und Kreativität sind Best Buddys.**
    Dass sie Feinde sind, ist ein verbreiteter Irrtum.

II - AKTION

WIE AUS KREATIVEN IDEEN INNOVATIVE LÖSUNGEN WERDEN

6 Mut: Dranbleiben, Verbündete im Unternehmen gewinnen

Glaubt man öffentlichen Statements, sind Unternehmensvertreter natürlich für Kreativität. Ohne Kreativität keine Innovation, und wir brauchen dringend Innovationen, gerade heute! So der Tenor. Wenn es konkret wird, sieht es dann etwas anders aus. Vielleicht erinnerst du dich an diverse Meetings, in denen neue Ideen ignoriert oder plattgebügelt wurden: zu unsicher, nicht vorstellbar, passt nicht zu uns, und überhaupt – wer trägt das Risiko?

Eine traurige Geschichte

Ideen zu haben genügt nicht, man muss sie auch durchsetzen können, sonst stirbt die Innovation einen leisen Tod, wie in der folgenden tragischen Geschichte. Sie handelt von einem findigen Ingenieur, der 1975 mit erst 24 Jahren die Digitalkamera erfand. Für alle unter 30: Bis dahin kaufte man im Fotogeschäft die Filmrollen in den kleinen schwarzen Döschen und musste den Film nachher zum Entwickeln bringen. Leider fand die Idee von Ingenieur Steven J. Sasson in dem Unternehmen, für das er arbeitete, keinen Anklang. Seine Neuentwicklung musste er auf Anweisung seiner Chefs in der Schublade verschwinden lassen. Name der Firma: Kodak. Dort verdiente man seinerzeit viel Geld mit Filmrollen und Entwicklungszubehör. Das Ende der Geschichte: 2012 war Kodak insolvent. Der Siegeszug der Digitalkamera hatte begonnen, und auch wenn Kodak Lizenzgebühren für die inzwischen patentierte Erfindung Sassons kassierte, schöpften andere Unternehmen den Rahm ab.[71]

Vom Mut, sich zuzu-mut-en

Zur Ehrenrettung von Kodak: Die Digitalkamera war seinerzeit eine radikale Innovation, die mitten ins Herz des bisherigen Kodak-Geschäftsmodells zielte. Eine disruptive Entwicklung, wie man heute sagt. Wer hätte da als Manager oder Unternehmer nicht Magenschmerzen bekommen? Hinterher schlau zu sein, ist einfach. Das Dilemma liegt auf der Hand und lässt sich an diesem Beispiel gut illustrieren: Die klassische Unternehmenswelt ist streng genommen nicht für Kreativität gemacht. Ein erfolgreiches Unternehmen zielt ab auf geregelte Abläufe, Planbarkeit, Effizienz und Wirtschaftlichkeit. Kreativität dagegen ist spontan, nicht zu reglementieren und ergebnisoffen. Sie wird damit zum Fremdkörper, den man nur dann integrieren kann, wenn eine offene Unternehmenskultur herrscht und wenn man einen Modus Operandi für den Umgang mit neuen Ideen findet (siehe dazu Kapitel 7: »Kreativitätskultur«).

Wer mit kreativen Ideen um die Ecke biegt, stößt allen innovativen Lippenbekenntnissen zum Trotz deshalb oft auf Skepsis, Kritik oder Ablehnung. Psychologen sprechen sogar von einem unbewussten »bias [einer Voreingenommenheit] against creativity«. Dieses unbewusste Unbehagen führt zu einer Paradoxie: Kreativität wird offiziell gewünscht und insgeheim abgelehnt. Ursache ist, dass kreative Vorschläge Unsicherheit auslösen und Menschen Risiken vermeiden wollen. Eine Idee, die spontan praktikabel scheint, ist den meisten Menschen lieber als ein kreativer Einfall, dessen Folgen nicht absehbar sind.[72] Der berühmte Spatz in der Hand also, der der Taube auf dem Hausdach vorgezogen wird. Offen ausgesprochen wird das nicht, denn sozial erwünscht ist die unbedingte Wertschätzung von Kreativität. Wer gegen Kreativität ist, könnte sich ebenso gut gegen Klimaschutz oder die Rettung von Robbenbabys aussprechen. Das tut man einfach nicht! Dafür, dass konkrete, aktuell zur Diskussion stehende kreative Idee nicht praktikabel sind, lassen sich dann immer noch Argumente finden.

Warum Kreativität oft insgeheim abgelehnt wird

Wer für seine Idee werben will, braucht Mut und Durchsetzungskraft. Es gilt, die kreativen Ergebnisse zu verteidigen und für ihre Umsetzung zu kämpfen. Das ist eine Herausforderung. Aber ohne den Mut, sich und seine Idee den anderen zuzumuten, und die Angst vor einer Beschämung zu überwinden, wird es nicht weitergehen. Unsere Scham hat dabei zwei Gesichter. Das eine sagt uns: »Du bist einfach nicht gut genug!« Und das andere fragt: »Was glaubst du eigentlich, wer du bist?!« Diesen inneren Stimmen darfst du nicht nachgeben, sonst stirbt deine Idee. Entweder du wächst mit deinen Kritikern – oder du gibst auf. In diesem Abschnitt möchte ich meine Erfahrung mit dir teilen, wie du dich selbst in einen Modus versetzt, in dem du ruhig und überzeugend bist. Anschließend verrate ich dir, wie du dein Risiko minimierst (»Vom Nutzen einer Generalprobe«), welche taktischen Überlegungen dir helfen (»Strategie schlägt Hoffnung«), wie du sicher auftrittst, wenn dir Ablehnung entgegenschlägt, und wie du deinen schärfsten Kritikern klug begegnest (»Gegenwind aushalten«).

Die zwei Gesichter der Beschämung

»Kreativität? – Meine Position dazu: Deal with it! Du wächst am Widerstand.«

RAINER NÜRNBERG, KIESER STUDIO-BESITZER

Häufig wird der kreative Prozess in fünf Phasen unterteilt. In der Vorbereitungsphase beschäftigt man sich mit der Aufgabe, sammelt Informationen, denkt über das Problem nach. In der Inkubations- oder Reifungsphase schwirren einem viele Ideen im Kopf herum. Noch ist die Lösung nicht da, aber unser Gehirn arbeitet unbewusst weiter daran, auch wenn wir uns nicht konzentriert damit beschäftigen. In der nächsten Phase präsentiert sich die Lösung als Geistesblitz oder Aha-Erlebnis. Dieser Moment ist pure Freude, der Dopaminspiegel ist hoch. Wir schweben im Glücksgefühl des Gelingens. Danach sackt der Dopaminspiegel unweigerlich wieder ab, wir fühlen uns erschöpft, müde, manchmal sogar traurig. Auf den Rausch folgt die Ernüchterung. In dieser Phase bewerten wir die Idee: Ist sie wirklich so gut, wie wir zunächst dachten? Kann das funktionieren? Im Unternehmenskontext muss die Idee außerdem in den Augen anderer – Kollegen, Vorgesetzte – bestehen. Erst danach geht es an die detaillierte Umsetzung oder Ausarbeitung. Während in der Phase der Ideenfindung Leidenschaft und Geduld (etwa das Aushalten des Schwebezustandes des noch nicht gelösten Problems) hilfreich sind, verlangt die Ausarbeitung vor allem Disziplin. Der Schritt nach außen hingegen, in die Bewertung durch andere, erfordert einen neuen mutigen Anlauf.

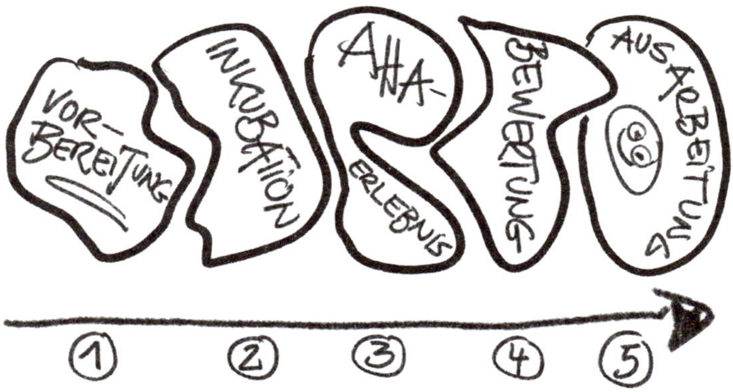

Phasen des kreativen Prozesses

In der Praxis sind die kreativen Phasen selten so sauber getrennt, wie das Schema suggeriert – sie überlagern sich, es gibt Sackgassen und Neustarts und komplexe Prozesse mit multiplen Inkubationen und Geistesblitzen. Dennoch ist es gut, die unterschiedlichen Herausforderungen des Prozesses im Hinterkopf zu haben. Der Schritt mit der eigenen Idee nach außen ist dann besonders heikel, wenn kritische Stimmen anderer (und die gibt es fast immer) auf hohe eigene Unsicherheit und Beschämungsangst treffen. Ohne festen Stand kann man nicht für seine Ideen kämpfen. Mach dir deshalb bewusst, dass die erste starke Ernüchterung nach dem Flow eine Übergangsphase ist. Deine Zuversicht baut sich danach wieder auf (mit Ausnahme jener Fälle, in denen du mit etwas Abstand tatsächlich entdeckst, dass deine Idee einen großen Haken hat und du sie lieber verwerfen solltest). In der Regel wirst du dich nach einem kurzen Tief also wieder sicherer fühlen. Den Mut, dich anderen zuzumuten, findest du, indem du innere Kritiker bewusst zum Schweigen bringst, wenn sie dir einreden wollen, du seist nicht gut genug oder nicht befugt. Diese Stimmen kennen alle, die kreativ sind. Jeder hadert phasenweise, und jeder muss lernen, damit umzugehen. Zudem sind wir stets abhängig von unserer Tagesform oder momentanen Gestimmtheit. Mach dir auch bewusst, dass du nicht allein für deine Idee kämpfen musst, sondern dir im Vorfeld der Entscheidung Unterstützer suchen kannst.

Wie verwundbar bist du gerade?

Neben sachlichen Kriterien, die du in der Prüfung deiner Idee erwägst, kommt es bei ihrer Durchsetzung also vor allem auf deine innere Stabilität an. Frag dich: Wie bin ich heute aufgestellt? Bin ich in Kontakt zu mir? Vertraue ich auf meine Kompetenz und Kreativität? Finde für dich selbst den richtigen Zeitpunkt, dich aus der Deckung zu trauen. Wenig ratsam ist es, eigene Unsicherheit bekämpfen zu wollen, indem man sich voreilig Feedback von außen einholt und dabei auf kritiklose Bestätigung, am liebsten sogar Begeisterung hofft. Damit machst du dich zum Spielball anderer. Wenn du das Heft des Handelns in der Hand behalten willst, gehe erst dann nach außen, wenn du dir selbst sicher bist. Sei nicht voreilig, warte aber auch nicht so

Wer sicher steht, kann besser kämpfen.

lange, bis deine Überzeugung an Schwung verloren hat. Und am besten setze nicht alles auf eine Karte, indem du erst im entscheidenden Meeting die Katze aus dem Sack lässt: Starte mit einer Generalprobe!

Vom Nutzen einer Generalprobe

In meiner Zeit als Designerin war ich oft lange im Büro. Irgendwann kam immer die Reinigungsfrau vorbei und schaute nach, ob sie freie Bahn hatte oder wieder mal nur rasch den (gut gefüllten) Papierkorb leeren sollte. Für einen kurzen Small Talk über Wind und Wetter – in Hamburg ein Dauerthema – reichte es immer. Und manchmal war die Putzfee auch die Erste, die von einer neuen Idee erfuhr. Sie war diejenige, der ich die Scribbles einer neuen Verpackung zeigte. Was hielt sie davon? Solltest du gerade die Stirn runzeln: Ein solcher erster Zielgruppentest kann ein echter Augenöffner sein. Blickte die potenzielle Käuferin ratlos (Was soll denn das sein?) oder bemüht höflich (Ganz schön, ABER ...), wusste ich: Ich sollte am besten weitere Kundenurteile einholen und dann eventuell noch mal nachdenken, justieren, anpassen, bevor ich die Idee beim Unternehmenskunden präsentierte.

Come in and find out?

Meiner Beobachtung nach schmoren viele Kreative zu lange im eigenen Saft. Dabei ist es nur von Vorteil, zwischendurch mögliche Adressaten nach ihrer Meinung zu fragen. Im Bereich der Hochkultur, die gelegentlich verstören und ratlos machen will, mag das anders sein. In der »Gebrauchskunst«, also überall dort, wo es gilt, Kunden zu überzeugen, ist das intuitive Urteil von Laien interessant. Sonst besteht die Gefahr, dass man an der Zielgruppe vorbei arbeitet. Aufgrund der bis 2016 jährlich von der Agentur Endmark in Kooperation mit dem Marktforschungsunternehmen YouGov erstellten »Claimstudie« wissen wir, dass manche in harter Texter-Arbeit ausgebrüteten Werbeslogans nur von einer Minderheit verstanden werden. Den SAP-Slogan »Run simple« beispielsweise deuteten in der Befragung die meisten Leser als Fitness-Empfehlung: »Einfach losrennen« oder »Lauf einfacher«. Nur ein knappes Drittel dachte an eine Software, die zuverlässig funktioniert. Zu abgehoben war auch das gleich zweisprachige Wortspiel »C'est la view«, das für den VW Beetle werben sollte und von den meisten Rezipienten zu »So ist das Leben« verkürzt wurde.[73] Und auch die Drogeriekette Douglas tat gut daran, sich vor Jahren von ihrem verheißungsvoll gemeinten »Come in and find out« zu verabschieden. Verstanden wurde das mehrheitlich als fragwürdiges Versprechen: »Komm rein und finde auch wieder raus«.[74] Wie beruhigend, dass man den Laden, anders als das Hotel California, auch wieder verlassen kann ... Als Werbeargument trotzdem fragwürdig.

Spontane Meinungen einholen

Als Designerin habe ich schnell kapiert: Was ich der Zielgruppe erst mühsam erklären muss, funktioniert nicht. Je nach Produkt schon im Entstehungsprozess die Nachbarin, den Neffen, die Fitnesstrainerin oder den Kirchenchor nach spontanen Meinungen zu fragen, das hat mir wertvolle Impulse gebracht. Voraussetzung, damit das funktioniert: Du hast etwas Konkretes zum Zeigen und Menschen, die ein offenes Wort wagen. Fragst du dagegen ins Blaue hinein, besteht die Gefahr, dass sich die wohl von Henry Ford geäußerte Befürchtung bewahrheitet: »Wenn ich die Leute gefragt hätte, was sie wollen, hätten sie gesagt: schnellere Pferde« – und keine Autos.

Eine Generalprobe für die Unternehmenspräsentation gibt dir Sicherheit.

Neben deinen informellen Tests im Vorfeld empfehle ich dir innerhalb der Firma eine gut vorbereitete Generalprobe, in der du einem kompetenten Kollegen oder Vorgesetzten deine Idee präsentierst, bevor du sie einer breiteren Öffentlichkeit zugänglich machst oder deinem Kunden vorstellst. Du brauchst eine Person, die dir grundsätzlich wohlgesonnen ist, dich aber nicht schonen wird und kritische Fragen stellt. Außerdem solltest du dem Urteil dieser Person natürlich vertrauen. Idealerweise genießt dein Sparringspartner noch dazu hohe formelle oder informelle Autorität im Unternehmen. Dann gewinnst du mit dem Vorabaustausch gleichzeitig einen Verbündeten für das offizielle Meeting, in dem deine Idee später in größerer Runde diskutiert wird. Vorsicht ist geboten bei Menschen, deren Reaktion durch Neid oder

Konkurrenzdenken beeinflusst sein könnte. Sich in der Unternehmenshierarchie nach oben zu orientieren, kann daher die klügere Wahl sein. Ein Beispiel: In der ersten Agentur, in der ich als Juniordesignerin arbeitete, hatte ich einen schweren Stand. Aus einem mir bis heute unklaren Grund hatten sich zwei Kreativdirektoren auf mich eingeschossen. Nachdem sie mich wieder einmal zwei Stunden in die Mangel genommen hatten, reichte es mir: »Dann kündigt mir doch einfach!« Danach stand ich abends ziemlich bedrückt vor dem Eingang und wartete auf meinen Freund. Zufällig verließ der Agenturinhaber in diesem Moment das Büro. Auf dem Weg zu Limousine und Fahrer drehte er noch einmal um, musterte mich und fragte: »Du bist nicht so zufrieden damit, wie die hier mit dir umgehen, oder?« Ich brachte nur ein bedrücktes »Mmh« heraus. Er schaute mich aufmunternd an: »Gib nicht auf! Mach weiter!« Damit war sonnenklar, wer mir in dieser Firma wohlgesonnen war und wer nicht. Und das hat mir Mut und eine große Zuversicht gegeben und war nicht nur in der Firma ein Gamechanger für mich.

» *Als ich mich entschied, als Fotografin kreativ zu arbeiten, musste ich mich auch der Kritik stellen. Entweder man bricht dann, weil alle anderen sagen, ›du kannst das nicht!‹ Oder man macht weiter. Aber diejenigen, die mich wirklich mochten und nicht neidisch waren auf meinen Weg aus dem Projektmanagement zur Fotografin, die sind bis heute noch an meiner Seite.* «

BRITA PLATH, FOTOGRAFIN

Ein Termin statt Austausch zwischen Tür und Angel

Wie gehst du bei einer Generalprobe im Detail vor? Ich habe gute Erfahrungen damit gemacht, den Betreffenden für das gewünschte Feedback um einen »offiziellen« Termin zu bitten. Eine halbe Stunde sollte im Normalfall reichen. Vermeide spontane Rückmeldungen zwischen Tür und Angel, die sind wenig belastbar. Dein Gegenüber sollte den Kopf frei haben und sich auf dein Anliegen konzentrieren können. Lass dir dabei die Zügel nicht aus der Hand nehmen, sag klar und deutlich, worum es dir geht: Du hast etwas entwickelt, zu dem du gerne die Meinung deines Gesprächspartners hören möchtest. Dabei brauchst du fünf (oder zehn, maximal 15) Minuten, um deine Idee vorzustellen. Erst danach bist du für eine Rückmeldung dankbar. So verhinderst du, dass sich eine Diskussion über Teilaspekte entwickelt, bevor du das große Ganze skizzieren konntest.

Besonders wertvoll: die wunden Punkte zu kennen

Kennzeichen einer Generalprobe ist, dass sie weitgehend unter den Bedingungen der eigentlichen Aufführung stattfindet. Das bedeutet: Du solltest bestens vorbereitet sein. Nur dann kannst du vom Feedback, das du bekommst, auf spätere Reaktionen im Unternehmensumfeld schließen. Ansonsten gelten die üblichen Feedbackregeln: Hör aufmerksam zu, mach dir Notizen. Frag nach, wenn dir ein Einwand nicht klar ist, aber rechtfertige oder verteidige dich nicht gleich. Lass den anderen seine Argumente bringen, ganz so, wie du vorher deine Argumente präsentiert hast. Sei dankbar für klare Worte, auch wenn sie dir nicht gefallen. Überlege am besten gemeinsam mit deinem Feedbackgeber, wie heikle Punkte sich entschärfen lassen. Gegenargumente, mit denen du jetzt konfrontiert wirst, können dich in späteren Meetings nicht mehr aus der Bahn werfen.

Kundentypisierungen: Wie innovationsfreudig ist dein Gegenüber?

Je besser du im Unternehmen vernetzt bist und je mehr vertrauensvolle Beziehungen du pflegst, desto eher kannst du deine Ideen gemeinsam mit anderen auf den Prüfstein stellen. Du wirst wissen, wem du am ehesten ein ausgewogenes Urteil zutrauen kannst. Menschen sind unterschiedlich aufgeschlossen gegenüber Innovationen, wie wir im ersten Teil dieses Buches schon gesehen haben. Im Marketing hat dies zu verschiedenen Kundentypisierungen geführt, etwa im Neuromarketing nach Hans-Georg Häusel zur Unterscheidung von »Traditionalisten« und »Disziplinierten« (mit den Kernmotiven Kontrolle und Disziplin), »Abenteurern« (Kernmotiv Thrill) und »Performern« (Kernmotiv Dominanz), »Harmonisierern« (Kernmotive Fürsorge, Bindung), »Genießern« und »Hedonisten« (mit den Kernmotiven Genuss und Stimulanz). Dabei bilden die Traditionalisten mit 24 Prozent und die Harmonisierer mit 32 Prozent laut Häusel die beiden größten Gruppen. Auch Harmonisierer werden in dieser Klassifikation als eher vorsichtig und Neuem gegenüber reserviert eingestuft. Besonders aufgeschlossen gegenüber Innovationen sind lediglich die Hedonisten, zu denen aber nur etwa jeder Zehnte zählt.[75]

Eine andere Typologie wurde im Rahmen der Diffusionstheorie entwickelt, die sich damit beschäftigt, wie Innovationen sich in sozialen Systemen durchsetzen. Sie unterscheidet je nach der individuellen Aufgeschlossenheit für Neues »Innovatoren«, »frühe Adoptoren«, »frühe Mehrheit«, »späte Mehrheit« und »Nachzügler«. Innovatoren wären etwa diejenigen, die sich ihr allererstes Smartphone mühsam schon in den USA besorgten, weil es in Europa noch nicht zu haben war. Frühe Adoptoren kauften die Neuentwicklung, sobald sie hierzulande im Angebot war, während Nachzügler sich erst von ihrem alten Mobiltelefon trennten, als es gar nicht mehr anders ging. Everett Rogers, einer der Hauptvertreter der Diffusionstheorie, geht davon aus, dass diese verschiedenen Typen in der Bevölkerung etwa entlang der Gauß'schen Normalverteilung vertreten sind. Konkret bedeutet das, dass Innovatoren und frühe Adoptoren auf der einen Seite der Glockenkurve zusammen rund ein Sechstel der möglichen Kunden bilden, Nachzügler auf der anderen Seite ebenfalls ein Sechstel, während die frühe und späte Mehrheit in der Mitte jeweils doppelt so stark vertreten sind.[76]

Die Innovationsfreudigen sind in der Minderheit.

Über Prozentanteile und genaue Zahlen lässt sich sicher streiten, sie mögen nach Lebensalter, Milieu, Produktbereich und weiteren Faktoren variieren. Interessant ist allerdings, dass die Gruppe der ausgesprochen Innovationsfreudigen in beiden Modellen eine Minderheit bildet. Das solltest du im Blick haben, wenn du dich auf die Suche nach einem ersten Sparringspartner begibst. Mit einem ausgesprochenen Traditionalisten, der am Gewohnten hängt, machst du es dir schwerer als nötig. Mit einem »Early Adopter«, der Neuerungen grundsätzlich toll findet, hingegen machst du es dir leichter als ratsam. Später in größerer Runde wirst du es mit allen möglichen Charakteren und ihren Vorlieben zu tun haben und taktisch darauf eingehen müssen (siehe den folgenden Abschnitt »Strategie schlägt Hoffnung«). Doch auch bei der Suche nach Feedbackgebern solltest du sicherstellen, dass dein Gegenüber grundsätzlich offen für neue Ideen ist, ohne gleich in kritiklose Begeisterung zu verfallen.

Ideenzirkel statt Qualitätszirkel?

Mit einer Generalprobe gehst du gestärkt ins entscheidende Meeting. Du kannst deine Idee justieren, wenn überzeugende Gegenargumente kamen, und du kannst mögliche Einwände eher voraussehen und dich darauf vorbereiten. Zusätzlich würde ich mir wünschen, dass man im Unternehmen grundsätzlich spielerischer und offener mit neuen Ideen umgeht. Statt sich allein auf formale Entscheidungsgremien zu verlassen, könnte man beispielsweise im Vorfeld regelmäßig gemischte Teams zusammenbringen, die sich über Work in Progress austauschen. Warum nicht hören, was der neue Trainee, der Azubi aus dem Verkauf, die Controllerin, der Veranstaltungsmanager, der Pressemann und die Personalvorständin zu einer Idee zu sagen haben? Hätte man auch dann »Come in and find out« plakatiert, wenn eine solche Gruppe vorher über Sinn und Unsinn des Slogans debattiert hätte? Hätte »C'est la view« eine Chance gehabt? Voraussetzung solcher hierarchisch und fachlich gemischter Gruppen ist eine Unternehmenskultur, in der Respekt und Offenheit tatsächlich gelebt werden (mehr dazu im Kapitel 7: »Kreativitätskultur«). Auch braucht es eine erfahrene Moderation, die für eine produktive Gesprächsatmosphäre sorgt. Würden solche »Ideenzirkel« in einen wertigen Rahmen eingebettet, der die Teilnahme zu einer Auszeichnung macht, stärkte dies das Engagement der Beteiligten weiter. Statt also wie in den bekannten Qualitätszirkeln im Nachhinein nach Mängeln zu fahnden, würde so mancher Fehler im System vielleicht schon im Vorfeld entdeckt.

Strategie schlägt Hoffnung

Wusstest du, dass die NASA angeblich Mitarbeiter beschäftigt, deren einzige Aufgabe es ist, zwischen den Forschungs- und Entwicklungsabteilungen hin und her zu pendeln und dafür zu sorgen, dass wichtige und sicherheitsrelevante Informationen ausgetauscht werden? So soll verhindert werden, dass verschiedene Gruppen vor sich hin werkeln und neue Erkenntnisse der jeweils anderen bewusst ignorieren. Ursache ist das sogenannte Not-Invented-Here-Syndrom, das zur Ablehnung von Ideen führt, nur weil sie nicht in der eigenen Firma oder in der eigenen Abteilung entstanden sind.[77] Und wenn selbst hartgesottene NASA-Ingenieure für solche Eitelkeiten anfällig sind, darf man sicher sein, dass das NIH-Virus auch anderswo grassiert. Wer tatsächlich glaubt, es ginge in Unternehmen »rational« zu und es zählten ausschließlich »sachliche Überlegungen«, kommt vermutlich von einem anderen Stern – vielleicht vom Planeten Vulkan wie einst Mr. Spock? Kreativ-Dienstleister können ohnehin ein Lied davon singen, mit welchen Abwehrreaktionen man als Ideenlieferant von außerhalb manchmal zu kämpfen hat, obwohl man zuvor gerade für seinen »externen Blick« und »frische Ideen« engagiert wurde. Natürlich ändern solche emotionalen Widerstände nichts daran, dass offiziell weiter der Schein der Sachlichkeit gewahrt bleibt und man gut daran tut, nicht an dieser Oberfläche zu kratzen. Wenn du mit einer neuen Idee vor ein Gremium trittst, hast du es also häufig auch mit einem emotionalen Minenfeld zu tun. Einige strategische Überlegungen helfen dir dabei, größere Explosionen zu vermeiden.

Strategische Überlegung 1: Wer hat den größten Einfluss?

Ein interessanter und extrem wichtiger Faktor ist die Machtverteilung im Unternehmen. Wessen Wort wiegt in einer Organisation besonders schwer? Ob Marketing, Vertrieb oder Produktentwicklung am meisten Gehör finden, hat nicht zuletzt damit zu tun, ob an der Spitze des Unternehmens ein Marketer, ein Verkäufer oder ein Ingenieur beziehungsweise Wissenschaftler sitzt. Meist ist es so, dass jeder von ihnen sein eigenes Metier besonders schätzt. Zwischen Marketing und Vertrieb herrscht oft eine Art Hassliebe, bei der jede Seite der anderen mangelndes Verständnis für die eigenen Belange unterstellt. Man ist daher gut beraten, in der eigenen Argumentation beide Seiten zu berücksichtigen und mögliche Gegenargumente aktiv vorwegzunehmen: »Was hier ein kritischer Punkt sein könnte, ist ... Das ließe sich vermeiden, indem wir ... tun.«

Daneben spielt auch die persönliche Autorität der Beteiligten eine Rolle. Wer surft gerade auf einer Erfolgswelle, wessen Position ist aufgrund aktueller Misserfolge geschwächt? Wer ist neu im Unternehmen und muss sich erst beweisen? Und wer genießt als alter Hase großen Respekt? Wer intern Ideen präsentiert, kennt dieses Machtgefüge natürlich eher als jemand, der von außen ins Unternehmen kommt. Es hilft, auf kleine Signale zu achten, etwa darauf, wer ungeteilte Aufmerksamkeit bekommt, sobald er sich äußert, und wessen Blickkontakt gesucht wird, wenn man eine Frage in den Raum stellt. Wenn du den Mächtigen im Boot hast, hast du in der Regel gewonnen. Durch Redezeiten solltest du dich dabei nicht täuschen lassen. Auch der große Schweiger kann in Wahrheit der Entscheider sein.

Strategische Überlegung 2: Wem nützt die Idee, und wem schadet sie?

Eine Neuerung hat normalerweise Folgen für das Gesamtsystem. Was würde es für die Beteiligten bedeuten, wenn deine Idee umgesetzt wird? Wer profitiert, weil er mehr Mittel und Aufmerksamkeit bekommt? Wer würde Nachteile erleiden? Auf wen würde zusätzliche Arbeit zukommen? Wer müsste etwas abgeben (Ressourcen, Mitarbeiter, Budget)? Wer ist für das Vorgängermodell verantwortlich, das nun eventuell abgelöst wird, und tut sich schwer, sein geliebtes Baby aufzugeben?

All das beeinflusst die Argumentation möglicher Kritiker, auch wenn es natürlich nicht offen ausgesprochen, sondern hinter sachlichen Begründungen versteckt wird. Ich bin mir ziemlich sicher, dass die Farbfilm-Abteilung von Kodak jede Menge Sachargumente gegen die gerade entwickelte Digitalkamera in Stellung gebracht hat und ihre Skepsis »vernünftig« erklären konnte, obwohl sie vor allem den eigenen Bedeutungsverlust fürchtete. Wenn dir das bewusst ist, kannst du manche heftig vorgetragene Kritik leichter ertragen. Oft geht es tatsächlich weniger um dich als um Besitzstandswahrung beim Gegenüber. Bist du dafür sensibilisiert, kannst du dich vorab darauf einstellen, aus welcher Ecke Gegenwind kommen wird, und dich auf Gegenargumente vorbereiten.

Strategische Überlegung 3: Wer hat noch andere Rechnungen offen?

Suche dir Freunde, bevor du sie brauchst, lautet eine alte Netzwerk-Regel. Bei der Durchsetzung von Interessen im Unternehmen – und dazu zähle ich auch die Umsetzung einer Innovation – hilft es, wenn du positive Beziehungen zu vielen Beteiligten pflegst. Wer sich aus welchen Gründen auch immer unbeliebt gemacht hat, dem gesteht man ungern einen sachlichen Erfolg zu. Auch Rivalitäten zwischen Abteilungen können Ideen gefährden, nach dem Motto: »Machst du mir mein Projekt kaputt, zerstöre ich dir deines!« Das erinnert ein bisschen an den Sandkasten, wo man sich vor Jahrzehnten die Förmchen um die Ohren haute, kommt aber leider selbst in besten Managerkreisen vor.

Wenn du als Dienstleister ein gutes menschliches Verhältnis zum Mitarbeiter des Kunden hast, erkundige dich vorher nach möglichen Animositäten. Wenn du als Unternehmensmitarbeiter selbst im Bilde bist, überlege, wer aktuell noch eine Rechnung offen hat, und wappne dich. Wie groß ist der Einfluss der anderen Seite? Ein notorischer Quertreiber ist weniger gefährlich als jemand mit starkem Standing und gutem Draht zur Geschäftsführung.

Strategische Überlegung 4: Wie ist die aktuelle Situation im Unternehmen?

Wenn die Zahlen gut aussehen, ist ein Unternehmen risikofreudiger als in Krisenzeiten. Die Kassen sind voll, man traut sich was. Wird es finanziell eng, werden die meisten Menschen vorsichtig und klammern sich eher an das Bewährte. Das kann zum Dilemma werden, denn gerade, wenn es schlecht läuft, ist der Veränderungsdruck eigentlich hoch. Das muss man im Auge behalten, wenn der offizielle Auftrag lautet »Es soll alles anders werden!« oder »Wir brauchen mutige neue Ideen!«. Was gut klingt und der Kreativität scheinbar die Fesseln löst, ist in Wirklichkeit mehr als vage. Es empfiehlt sich, genauer nachzufragen und sich beispielsweise nach No-Gos zu erkundigen. Was steht wirklich zur Disposition? Die Markenfarbe? Die Produktform? Die Packungsgrößen? – um nur einige Beispiele aus dem Designbereich zu nennen.

Strategische Überlegung 5: Gibt es eine Vorgeschichte?

Keine Innovation steht im luftleeren Raum. In welchem Kontext wird die neue Idee präsentiert? »So was Ähnliches haben wir schon versucht, und es hat nicht funktioniert!« ist ein echtes Killerargument, selbst wenn dabei Äpfel mit Birnen verglichen werden. Welche neuen Ideen wurden in den letzten Jahren schon diskutiert und möglicherweise verworfen? Aus welchen Gründen? Manchmal gibt es Protokolle dazu, die man einsehen kann. Noch hilfreicher ist der Austausch mit einem alten Hasen, der die Vorgeschichte kennt. Ein solches Gespräch kann auch Aufschluss über Machtverhältnisse, wunde Punkte und No-Gos geben – vielleicht sogar im Rahmen der schon beschriebenen Generalprobe. Es lohnt sich, wenn du neben inhaltlichen auch solche taktischen Fragen ansprichst. Wenn du ein gutes Vertrauensverhältnis zum Gegenüber hast, erhältst du nützliche Hintergrundinfos.

Strategische Überlegung 6: Du bist schon angekommen, dein Publikum startet gerade erst

Ein grundsätzlicher Punkt zum Schluss: Wer seine kreativen Ideen vor größerem Publikum präsentiert, hofft natürlich auf Zustimmung und Anerkennung, träumt insgeheim vielleicht sogar von begeistertem Applaus. Das wäre schließlich der verdiente Lohn der eigenen Mühe. Diese Erwartung ist menschlich. Umso größer ist unweigerlich die Enttäuschung, wenn die Reaktionen auf innovative Vorschläge nur verhalten oder skeptisch ausfallen. Besonders eine Überlegung hat mir dabei geholfen, mir durch solche Erstreaktionen nicht den Schneid abkaufen zu lassen: Mach dir bewusst, dass ihr (du und dein Publikum) euch in unterschiedlichen Projektphasen befindet. Du hast viel Zeit in die Entwicklung deiner Idee investiert und sie anschließend hin und her gewendet, gefeilt, optimiert. Du hast Vorteile und Gegenargumente erwogen, Meinungen eingeholt, schließlich mit großer Sorgfalt eine Präsentation entworfen. Du bist durch Höhen und Tiefen gegangen und am Ende zu dem Schluss gekommen, das Bestmögliche abzuliefern. Du hast also einen langen Prozess hinter dir. Dein Publikum dagegen steht ganz am Anfang dieser Entwicklung und hört deine Idee zum ersten Mal. Je ungewöhnlicher und neuer sie ist, desto weiter muss deine Zielgruppe gedanklich springen. Deshalb braucht sie manchmal etwas Zeit, bis sie dir folgen kann, und deshalb solltest du auch nicht genervt reagieren, wenn Punkte ausführlich diskutiert werden, die in deiner Wahrnehmung eigentlich selbsterklärend sind. Dein Erfahrungsvorsprung gibt dir schließlich die Chance, dein Publikum auf einem Weg mitzunehmen, den du schon gegangen bist und auf dem du dich auskennst!

Gegenwind standhalten

Nie werde ich eine Präsentation bei einem großen Lebensmittelproduzenten vergessen, zu der ich als Agenturchefin mit einer jungen Mitarbeiterin angereist war. Wir hatten ein aufwendiges Fotoshooting zu einem Produkt gemacht, dessen Ergebnisse wir zusammen mit weiteren Ideen einer Runde von Managern vorstellen wollten. Meine Mitarbeiterin und ich hatten uns bereits im Raum eingerichtet und die Technik getestet, als die Tür aufflog und die Herren hereinströmten. Die gefühlte Raumtemperatur sank sofort um einige Grade. Ich weiß bis heute nicht, was vorher vorgefallen war, aber es herrschte eine ungewöhnlich aggressive Stimmung. Und es war klar: Wir waren der ideale Blitzableiter: »Die fressen wir jetzt!« Meine Mitarbeiterin ging gleich hinter mir in Deckung.

Die höhere Energie gewinnt.

Was tun in einer solchen Situation? Klein beigegeben und sich verunsichern lassen wäre genau die falsche Reaktion, denn dann verliert das Gegenüber jede Beißhemmung. Glücklicherweise stachelte die Eiseskälte meinen Kampfeswillen an. Im Laufe der Jahre habe ich gelernt: Die höhere Energie gewinnt. Also machte ich den Rücken gerade, atmete durch und präsentierte betont ruhig und souverän. Mein Subtext war: »Ihr könnt mich nicht einschüchtern!« Tatsächlich entspannte sich die Atmosphäre nach und nach, die Aufmerksamkeit der Herren wandte sich unseren Vorschlägen zu, der Ärger trat in den Hintergrund.

Im Zug nach Hause fragte mich meine Mitarbeiterin: »Wie hast du das denn gemacht?« Damals sagte ich lapidar: »Ich wusste, jetzt geht es um fressen oder gefressen werden!« Heute weiß ich, dass ich intuitiv die »Königinnen-Haltung« eingenommen hatte und auf diese Weise tatsächlich die Oberhand gewann. Das wurde mir klar, als ich Jahre später von Carl Gustav Jung und seinen Archetypen las. Für den Psychoanalytiker Jung, der sich von Sigmund Freud und dessen Theorien emanzipierte, sind Archetypen »Urbilder und Wirkkräfte des kollektiven Unbewussten«, die er aus Märchen, Mythen und Erzählungen verschiedener Völker destillierte.[78] Bei den zwölf Archetypen, die in Anlehnung an Jungs Gedanken postuliert und im Marketing vielfach auch zur Charakterisierung bekannter Marken aufgegriffen wurden, handelt es sich im Grunde um universale Rollenbilder, die wir in der Welt entdecken und in denen wir uns auch selbst wiederfinden. Dazu zählen der Held, der Rebell, der Zauberer, der Entdecker, der Weise, der Unschuldige, der Schöpfer, der Herrscher, der Betreuer, der Jedermann, der Narr und der Liebende. Wenn dir beim Narren der Klassenkasper einfällt, beim Rebellen zum Beispiel Elon Musk und beim Zauberer Steve Jobs, bist du auf der richtigen Spur. Die Kollegin, die sich mehr um andere kümmert als um sich selbst, ließe sich dem fürsorglichen Typus des Betreuers zuordnen, eine andere, die vor allem Neues schaffen und kreativ sein will, dem des Schöpfers. Wir alle sind natürlich nicht so eindimensional, um auf lediglich einen Typus festgelegt werden zu können. Wir verstehen uns auf verschiedene Rollen, in die wir willentlich oder auch unbewusst schlüpfen.

Souveränität siegt.

Kennzeichnend für die Rolle des Herrschers (oder Königs) ist, dass er Sicherheit, Macht und Kontrolle ausstrahlt. Anders als der Narr zappelt er nicht herum und treibt keine Scherze, sondern tritt ruhig und selbstsicher auf. Er macht nicht zu viele Worte, biedert sich nicht an und drängt niemandem seine Hilfe auf (wie der Betreuer). Er ist ganz bei sich. Wenn du dich in diese Rolle hineinversetzt, wirst du intuitiv eine aufrechte Körperhaltung einnehmen und Gelassenheit demonstrieren. Du wirst einen sicheren Stand suchen und deine Sache ruhig vertreten. Du gestikulierst nicht wild herum und lässt dich auch nicht dadurch irritieren, dass A gerade sein Handy zückt oder B skeptisch schaut. Auf dieses Level begibst du dich als Herrscher(in) erst gar nicht herab. Wir wissen heute, dass die Macht einer Botschaft mindestens ebenso stark von nonverbalen Begleitsignalen bestimmt wird wie von verbalen Inhalten. Das ist unbestritten, auch wenn die beliebte und immer wieder zitierte Behauptung, nach der der Inhalt in der Kommunikation nur

7 (!) Prozent der Wirkung ausmacht, Gestik, Mimik und Stimme zusammen aber 93 Prozent, Unfug ist und auf der unzulässigen Generalisierung einer einzigen Studie des Forschers Albert Mehrabian basiert.[79] Dennoch: Körpersprache bestimmt deine Wirkung entscheidend. Denk an den früheren Bundeskanzler Helmut Schmidt, dessen ruhig-bestimmtes Auftreten jede seiner Aussagen wie eine ewige Wahrheit wirken ließ. Und stell dir im Vergleich dazu jemanden vor, der dasselbe mit herumirrendem Blick und doppeltem Sprechtempo vorbringt. Schmidt war in seinem Auftreten der prototypische Herrscher, der wusste, wo es langgeht, und sich nicht so leicht aus der Ruhe bringen ließ.

Beim entscheidenden Auftritt überzeugen

Dies ist kein Aufruf zur Schauspielerei. Es ist eine Anregung, nicht unreflektiert in ein wichtiges Meeting hineinzugehen, sondern zuvor bewusst eine bestimmte (innere) Haltung einzunehmen. Wenn dir das gelingt, folgt deine Körpersprache von allein. In jedem von uns steckt ein König oder eine Königin, der oder die zum Leben erweckt werden kann. Und wenn du inhaltlich gut vorbereitet und im Aufritt souverän bist, strahlst du positive Energie aus und gewinnst an Überzeugungskraft. Und selbst wenn man sich deiner Position am Ende nicht anschließt, wirst du den Respekt deiner Zuhörerschaft gewinnen. Auf dieser Basis helfen dir die folgenden Strategien, dich in »ungemütlichen« Meetings nicht unterbuttern zu lassen.

Strategie 1: Die Zügel in der Hand behalten

Du kannst den Ablauf eines Meetings entscheidend beeinflussen, indem du den Teilnehmern einleitend deine Planung skizzierst. Das könnte zum Beispiel so aussehen: Du brauchst 15 Minuten, um deine Vorschläge zu präsentieren. Deine Zuhörer erwarten dabei nicht nur Entwürfe, sondern auch Kundenstimmen und Ideen zur Vermarktung. Anschließend wird Zeit sein für eine ausführliche Diskussion. Verständnisfragen können natürlich sofort gestellt werden, alle anderen Fragen und Anmerkungen bitte für die Diskussion aufheben, wenn das Bild vollständig ist. Sollte sich jemand nicht daran halten und bereits Einwände oder Anregungen bringen, kannst du das mit einer Entgegnung nach dem Muster »Interessanter Punkt! Sollten wir gleich unbedingt diskutieren« zunächst vertagen. Damit das funktioniert, muss deine Zeitangabe stimmen. 15 Minuten sind 15 Minuten, nicht 25 oder 30. Wie lange du brauchst, musst du ausprobieren, indem du das Ganze vorher durchspielst. Idealerweise wirst du sogar ein wenig früher fertig – das verschafft dir schon mal Sympathien. Das alles klingt so banal, dass ich es kaum zu schreiben wage. Doch es ist erstaunlich, wie vielen Rednern regelmäßig die Zeit davonläuft.

Strategie 2: Lieber kurz und knackig präsentieren als lang und langweilig

»Man kann über alles reden – nur nicht länger als 20 Minuten«, lautet eine Rhetorikweisheit, für die man gern Kurt Tucholsky als Kronzeugen bemüht. Es ist ein Irrtum zu glauben, wer viel rede, erreiche auch viel. Klarheit und Kürze wirkt überzeugender. Was durchdacht ist, lässt sich in der Regel in wenigen einfachen Worten darstellen. Wer herumschwurbelt, macht sich eher verdächtig. Vermeide daher möglichst auch Fachkauderwelsch und modische Anglizismen – es sei denn, dein Publikum spricht so. Dann verschafft dir dieselbe Sprache einen besseren Zugang, siehe nächster Punkt.

Strategie 3: Sich dem Publikum anpassen

Ich selbst neige dazu, mich von meiner kreativen Begeisterung mitreißen zu lassen, wenn ich präsentiere. Dann fange ich an, mit leuchtenden Augen und großen Gesten von den Pluspunkten und Chancen meiner Ideen zu schwärmen. Die Welt ist für mich bunt und spannend, und ich liebe es, sie mitzugestalten! Tickt mein Gegenüber genauso, surfen wir gemeinsam auf dieser Welle der Begeisterung, und alles ist prima. Ist mein Gegenüber dagegen ein eher nüchterner Zeitgenosse, legt er nach kurzer Zeit den Kopf schief und betrachtet mich wie ein seltsames Insekt. So viel Emotion macht ihn eher misstrauisch. Um zu überzeugen, braucht es in diesem Fall Daten und Sachargumente, nicht Überschwang. Erfahrene Agenturmitarbeiter wissen: In den Marketingabteilungen der Unternehmen sind beide Naturen, die Künstler und die Kontroller, genauso vertreten wie anderswo. Wenn du deine Ideen vor einer Gruppe präsentierst, macht es das nicht leichter, denn dort sitzen sehr wahrscheinlich ganz unterschiedliche Typen. Die Herausforderung besteht dann darin, jedem etwas zu bieten, beispielsweise über Zahlen, Daten, Fakten nicht die kreativen Impulse zu vergessen – und umgekehrt. Oder für die Traditionalisten respektvoll am Bewährten anzuknüpfen, für die Innovatoren gleichzeitig revolutionäre neue Aspekte zu skizzieren. Lege den Schwerpunkt dort, wo du die meisten oder die mächtigsten Zuhörer erreichst.

Strategie 4: Sich auf Gegner einschwingen

Es wäre schon erstaunlich, wenn die Präsentation neuer Ideen in einer größeren Runde nicht auch auf Skeptiker und Zweifler treffen würde: »Sind diese Zahlen überhaupt belastbar?«, »Ohne Benchmark überzeugt mich das nicht!«, »Der Brand Purpose bleibt hier doch völlig unklar!« – so die Kommentare. Idealerweise bist du durch gute Vorbereitung und eine Generalprobe schon auf bestimmte sachliche Einwände vorbereitet. Statt gleich gegenzureden oder gar in hektisches »Sabbeln« zu verfallen, wie man in Hamburg sagen würde, vermeidest du eine Eskalation, indem du Einwände grundsätzlich ernst nimmst. Du kannst deinem Kritiker zugestehen, »einen wichtigen Punkt« in die Debatte einzubringen, dich bedanken, dass er ein bestimmtes Thema anspricht, oder zugeben, dass dieses Problem tatsächlich noch gelöst werden muss.

Rhetorisch gesehen kannst du dir außerdem eine Technik zunutze machen, die im NLP (Neurolinguistischen Programmieren) »Pacing and Leading« genannt wird. Sie beruht auf der Beobachtung, dass Menschen, die Sympathie füreinander empfinden, körpersprachlich oft im Gleichklang sind, also Gestik und Mimik unbewusst aufeinander abstimmen. Wenn der eine die Beine übereinanderschlägt und sich zurücklehnt, folgt der andere in gewissem Abstand. Beugt einer sich vor und runzelt die Stirn, tut der andere es ihm ebenfalls nach. Beobachte einmal Menschen im öffentlichen Raum, etwa im Restaurant. Auch aus der Entfernung und ohne mitzubekommen, was gesagt wird, kannst du sehen, ob zwei sich gut verstehen oder eher auf Konfrontationskurs sind. Im ersten Fall spiegelt die Körperhaltung des einen die des anderen.

»Pacing« lässt sich wörtlich übersetzen mit »das Tempo angeben« oder »im gleichen Schritt gehen«. Symmetrie oder Gleichklang erwächst aus Sympathie. Man bestätigt einander gleichsam auf körpersprachlicher Ebene. Diesen Effekt kannst du dir zunutze machen, indem du dich deinem Gegenüber vorsichtig angleichst, Keywords des anderen wiederholst, dein

Sprechtempo anpasst und nach und nach auch deine Körperhaltung teilweise abstimmst. Natürlich solltest du den anderen nicht auffällig nachäffen, sondern dezent vorgehen. Und wenn der andere gerade mit hochrotem Kopf auf die nächste Palme klettert, ist es ebenfalls nicht ratsam, ihm zu folgen. Es geht um eine vorsichtige Annäherung. Wenn das gut funktioniert, kannst du mit »Leading« anschließend sogar die Führung übernehmen und die Atmosphäre entkrampfen, indem du eine entspannte Körperhaltung einnimmst und freundlich lächelst.

Strategie 5: Einwände vorwegnehmen

Wenn du schon vorher aufgrund von Hintergrundinformationen weißt, dass ein bestimmtes Gegenargument kommen wird, bringt es nichts, sich wegzuducken und das Beste zu hoffen. Besser, du gehst in die Offensive und sprichst den heiklen Punkt selbst an. Was könnte ein Lösungsansatz sein? Wo erhoffst du dir Anregungen aus der Runde, insbesondere von einschlägig erfahrenen Experten? Im besten Fall gelingt es dir so, potenzielle Gegner einzubeziehen und auf deine Seite zu ziehen.

Strategie 6: Energie aus wohlwollenden Zuhörern ziehen

Ein Zuhörer, den du anschaust, fühlt sich beachtet und einbezogen. Deshalb wirst du deinen Blickkontakt möglichst gleichmäßig unter den Anwesenden verteilen. Vor einigen Jahren erlebte ich die zehnminütige Rede eines neuen Geschäftsführers, der während seiner Ansprache die Belegschaft des Unternehmens nicht ein einziges Mal ansah, sondern konsequent einen Punkt über den Köpfen der Versammlung am anderen Ende des Raumes fixierte. Was er sagte, verpuffte total. Niemand fühlte sich angesprochen – ein Extremfall und ein weiterer Beleg für die Macht der Körpersprache.

Lass deinen Blick also gelegentlich durch den Raum schweifen und schau verschiedene Teilnehmer an. Wenn du weißt, wer im Raum dir wohlgesonnen ist beziehungsweise wer generell eher freundlich reagiert, kannst du dir das überdies für dein Standing zunutze machen. Sobald du merkst, dass die Situation brenzlig wird, schaust du diese Person einfach an. Und wenn du vorher schon einen Verbündeten gewonnen hast, sitzt dieser am besten so zentral, dass es nicht auffällt, wenn du immer mal wieder dort hinschaust.

Fazit

Wenn du hinter deiner Idee stehst, wenn du dir bewusst bist, dass auch ein genialer Einfall sich nicht von selbst durchsetzt, und wenn du noch dazu mental wie strategisch gut vorbereitet bist, hast du die besten Voraussetzungen dafür geschaffen, dass aus deinem innovativen Konzept ein konkretes Projekt wird!

3 Hacks für mehr Durchsetzungskraft

 # Hack 1: Raus aus der Deckung mit Deadline und Plan

- Leg eine Zeitspanne fest, in der du konzentriert an deiner Idee arbeitest, und setz dir einen Termin, an dem du spätestens jemand anderen in deine Überlegungen einweihst. Das kann ein Kollege aus dem Marketing sein oder ein Agenturkollege, zu dem ein Vertrauensverhältnis besteht. Ein informeller Austausch in der Mittagspause oder beim Gang um den Block kann dir wichtige Impulse geben, dich bestärken und auch verhindern, dass du dich in etwas verrennst. Alternativ oder ergänzend dazu: Sprich mit jemandem, der sich auf dem betreffenden Gebiet nicht auskennt, den du aber als reflektierten Gesprächspartner schätzt. Womöglich stellt ein unvoreingenommener Laie genau die richtige Frage, die dich weiterbringt und bestärkt. Und dann organisiere dir früh genug eine Generalprobe deiner ausgearbeiteten Idee mit einem wohlwollend-kritischen Zuhörer im Unternehmen. Auf diese Weise zauberst du nicht erst im entscheidenden Moment das Kaninchen aus dem Hut und hast keine Vorstellung, wie es aufgenommen wird. Vorab-Tests geben dir mehr Sicherheit – und damit auch mehr Durchsetzungskraft.

 # Hack 2: Ein passender Sparringspartner

- Kreatives Tun ist zugleich ein Motor der Persönlichkeitsentwicklung. Es ist herausfordernd, etwas Neues zu entwickeln, es verlangt Durchhaltevermögen und den Umgang mit Unsicherheit. Es bringt dich dazu, deine Komfortzone zu verlassen und neue Wege zu beschreiten. Und zusätzlich sind auch noch dein strategisch-taktisches Geschick gefordert und deine Fähigkeit, andere für deine Idee zu begeistern, indem du bei ihrer Präsentation überzeugst. Niemand kann das alles gleich gut, jeder hat Stärken und Schwächen. Wenn eine dieser Schwächen sich als echter Hemmschuh erweist – wenn beispielsweise in deinen Präsentationen der Funke nicht überspringt oder wenn kritische Fragen dich schnell aus der Bahn werfen –, dann suche dir einen Sparringspartner, mit dem du genau das üben kannst. Das kann beispielsweise ein Coach sein, ein Rhetoriktrainer, ein versierter Kollege oder ein branchenerfahrener Mentor.

 # Hack 3: Scheitern ist keine Schande

Dass man in den USA nachsichtiger mit dem Scheitern umgeht und ihm sogar etwas Positives abgewinnen kann, ist schon oft beschworen worden. Dort hat man vor allem Respekt vor dem mutigen Versuch, hierzulande reagiert man eher mit Mitleid, im schlimmsten Fall sogar mit Schadenfreude gegenüber dem »Verlierer«. Die Angst vor dem Scheitern ist eine echte Kreativitätsblockade, denn Fehler machen und scheitern gehört zur Kreativität dazu. Nur Bürokraten sind immer auf der sicheren Seite. Wenn du das verinnerlicht hast, hält das die Versagensangst im Zaum. Mir hat dabei die Devise meines ersten Chefs geholfen, der immer sagte: »Wir haben alles getan, der Rest liegt in Gottes Hand.« Bestrafe dich also nicht dafür, wenn es mal nicht so läuft, wie du dir wünschst. Akzeptiere es als kaum vermeidbaren Teil deiner kreativen Aufgabe.

»Eine Freundin hat mir klar gesagt, wirtschaftlich kannst du damit nicht erfolgreich werden, das funktioniert nicht. So eine Reaktion ist total schade, denn letztendlich ist so viel Potenzial in vielen Ideen. Ich denke, man sollte das unterstützen und seine Idee ausprobieren. Und wenn es nicht funktioniert, dann geht man den amerikanischen Weg und macht halt etwas Neues. Das ist nicht schlimm, scheitern hat ja auch etwas Positives. Du lernst dabei, du stehst auf und machst das Nächste.«

KATHARINA STAUDACHER, GRÜNDERIN VON FOODLOOSE (NATÜRLICHE SNACKS)

7 Kreativitätskultur: Freiräume statt Absichtserklärungen

»Culture eats strategy for breakfast«, lautet ein bekanntes Zitat von Peter F. Drucker. Jeder, der sich schon gefragt hat, wie gerahmte Leitbilder und wohltönende Festreden zu seinem Unternehmensalltag passen, versteht sofort, was der Managementvordenker damit gemeint hat. Mit »Unternehmenskultur« wird im Allgemeinen ein System gemeinsamer Werte und Normen, geschriebener und ungeschriebener Regeln bezeichnet, das bestimmt, wie Dinge in einem Unternehmen gehandhabt werden und wie man dort miteinander umgeht. Wer neu in eine Organisation kommt, braucht meistens eine Weile, bis er dieses System in Gänze versteht. Einen ersten Eindruck bekommt man aber oft schon durch die Art der Begrüßung am Empfang oder durch ein einziges einschneidendes Erlebnis, wie im folgenden Beispiel: Ich war bei einem großen Mittelständler für eine Kreativsprechstunde engagiert worden und saß mit dem Marketingleiter und einem weiteren Mitarbeiter in einem Meetingraum. Wir waren gerade dabei, die ersten Ideen zu skizzieren, als die Tür krachend aufflog und ein sichtlich erregter älterer Herr hereinstürmte: »Was ist hier los?!« Meine Gesprächspartner wurden blass. Der Marketingleiter erklärte, wir dächten über neue Präsentationsformen für das Produkt XY nach, eine Modernisierung des Auftritts. »Das brauchen wir nicht! Und überhaupt: Wir haben bereits eine

Agentur! Sie werfen hier mein Geld zum Fenster heraus!« Sprach's, drehte sich auf dem Absatz um und knallte die Tür hinter sich zu.

Auf einer Galeere entstehen keine Ideen.

Nach diesem Auftritt herrschte betretenes Schweigen. Der Seniorchef und Firmeninhaber war offensichtlich nicht über die neuen Marketingüberlegungen informiert worden und hätte sie vermutlich auch nicht gutgeheißen. Die Stimmung blieb gedrückt, denn jedem war klar, dass keine unserer Ideen auch nur die geringste Chance auf Umsetzung hatte. Heute interpretiere ich die Initiative der Marketingabteilung, mich dennoch zu buchen, als einen verzweifelten Ausbruchsversuch. Das Unternehmen wurde streng hierarchisch geführt, die Atmosphäre schien von Angst geprägt. Fehler (oder was die Führung dafür hielt) sollten einem hier besser nicht unterlaufen, denn die »Strafe« folgte auf dem Fuße. In einer solchen Kultur stirbt das kreative Potenzial. Auf einer Galeere entstehen keine neuen Ideen, von Fluchtideen einmal abgesehen. Es würde auch wenig ändern, in einem solchen Unternehmen Sonntagsreden zur Innovativität zu halten. Im Zweifelsfall zählen Taten mehr als Worte, und es braucht viele positive Taten, um eine kreativitätsfeindliche Kultur zu drehen. In der ZEIT hieß es dazu einmal in einer Leserstimme: »Die beste Förderung von Kreativität ist, diejenigen nicht zu behindern, die kreativ sein wollen bzw. es schon sind. [Dabei] … haben viele und besonders viele deutsche Unternehmen sehr effektive KVPs: Kreativitätsverhinderungsprogramme.«[80]

Ideen haben und Ideen umsetzen

Mein Beispiel mag extrem sein, die Leserstimme zum Thema Kreativitätsförderung ebenfalls. Unbestreitbar ist allerdings, dass eine innovations- und kreativitätsfreundliche Kultur das notwendige Fundament bildet, auf dem Neuerungen erst entstehen können. Denn natürlich genügt es nicht, Ideen zu haben (= Kreativität). Es muss auch eine Chance geben, vielversprechende Ideen in die Praxis umzusetzen (= Innovation). Schauen wir uns an, wie das Unternehmen schaffen, die immer wieder genannt werden, wenn es um erfolgreiche Innovationen geht.

Wo die Innovation zu Hause ist: Google & Co.

»Oh nein, nicht schon wieder Google!«, magst du denken. Keine Sorge, wir bohren ein bisschen tiefer als sonst und kratzen nebenbei am Mythos von der »20 Prozent Arbeitszeit zum Spinnen«, die angeblich Google erfunden hat und die gern pauschal zum Vater des Erfolgs verklärt wird. Susan Wojcicki, erste Marketingmanagerin von Google und Angestellte Nummer 16, veröffentlichte Ende 2011 einen lesenswerten Artikel unter dem Titel »The Eight Pillars of Innovation«.[81] Für Wojcicki, bis Februar 2023 CEO von YouTube, kommt es vor allem darauf an, eine Kultur zu nähren, die Innovation erlaubt. Die acht Säulen, die aus ihrer Sicht entscheidend dazu beitragen, lassen sich in meiner Übersetzung wie folgt kurz zusammenfassen:

Die »Acht Säulen der Innovation« von Google

Säule 1: »Hab eine relevante Mission.«

Googles Mission, die Informationen der Welt zu sammeln und auf nützliche Weise jedermann zugänglich zu machen, ist die Richtschnur aller Entscheidungen. Auch Personalentscheidungen werden unter dem Gesichtspunkt getroffen, ob sich jemand mit dieser klar formulierten Mission identifizieren kann.

Säule 2: »Denke groß, aber starte klein.«

Aus großen Ideen kann nur dann etwas entstehen, wenn du die Ärmel hochkrempelst und erste Schritte unternimmst. Umgekehrt kann es sein, dass in einer kleinen Neuerung großes Potenzial steckt, wenn du diesen Gedanken zulässt. Google Books ist ein Beispiel für den ersten Fall, AdSense (kontextsensible Werbung) für den zweiten, denn AdSense entstand daraus, dass ein einzelner Ingenieur Werbung in Gmail platzierte und dieser Ansatz anschließend ausgebaut wurde.

Säule 3: »Strebe nach kontinuierlicher Innovation, nicht nach sofortiger Perfektion.«

Es ist besser, schnell zu starten und ein Produkt kontinuierlich zu verbessern (beispielsweise aufgrund von Nutzer-Feedback), als im Versuch, das perfekte Produkt zu kreieren, zu lange zu warten und dabei womöglich in die falsche Richtung zu laufen.

Säule 4: »Halte überall nach Ideen Ausschau.«

Ideen sind überall. Sie kommen aus den verschiedensten Quellen, von Geschäftspartnern, Kunden, Teammitgliedern und nicht zuletzt von »Googlern«, die in der Teeküche miteinander fachsimpeln. Deshalb gibt es in den »Microkitchens« bei Google auch immer genügend Snacks.

Säule 5: »Teile alles.«

Jeder Angestellte weiß, welche Entscheidungen das Google-Management trifft und warum. Beispielsweise bekommen alle Mitarbeiter Zugang zur Präsentation, mit der der Aufsichtsrat (das »Board«) über den Stand der Dinge informiert wird. Auch arbeiten verschiedene Teams nicht abgeschottet voneinander, sondern in großen, offenen Räumen. Dies fördert den Gedankenaustausch und kann zu innovativen Ideen führen.

Säule 6: »Lass die Fantasie Funken sprühen und nutze Daten für ein beständiges Feuer.«

Google-Ingenieure werden ermuntert, ins Blaue hinein und ambitioniert zu denken. Sie dürfen dafür sogar 20 Prozent ihrer Arbeitszeit nutzen [Anmerkung: Galt uneingeschränkt bis 2013, mehr dazu im Anschluss]. Intuition und große, ungewöhnliche Ideen sind willkommen, müssen im Anschluss aber den Praxistest bestehen und durch Daten validiert werden. Ein Beispiel ist das selbstfahrende Auto.

Säule 7: »Sei eine Plattform.«

Stelle deine Technologie als Plattform auch anderen zur Verfügung, die darauf aufbauen und Weiterentwicklungen vorantreiben. Bei Google trifft dies beispielsweise auf das Android-Betriebssystem und auf Google Earth zu, das als Basis neuer themenbezogener Karten genutzt werden kann. [Anmerkung: Ganz uneigennützig geschieht das natürlich nicht. Über Android etwa platziert Google Apps wie Google Play Services auf Geräten, die fleißig Nutzerdaten sammeln.]

Säule 8: »Versäume nie zu scheitern.«

Im Original klingt dies griffiger: »Never fail to fail.« Solange du aus deinen Fehlschlägen lernst, ist es okay zu scheitern. Innovationen entstehen, wenn ein Unternehmen Risiken eingeht. In dem Moment, in dem eine Organisation anfängt, Risiken zu scheuen, wird es in unserer schnelllebigen Zeit gegenüber dem Wettbewerb zurückfallen.

Anmerkung: Es handelt es sich um eine stark gekürzte Übersetzung des englischen Originaltextes.

Erfolgsrezept »Killed by Google«

2011, als Susan Wojcicki ihren Artikel veröffentlichte, hatte Google 32.467 Mitarbeiter. 2022 waren es beim Nachfolgeunternehmen Alphabet fast sechsmal so viele, exakt 190.234.[82] In dieser Zeit beerdigte Google so viele Projekte, dass sie inzwischen einen digitalen Friedhof füllen. Du kannst ihn unter dem augenzwinkernden Titel »Killed by Google« im Netz einsehen.[83] Jedes der Google-Angebote, das man dort seit 2006 beerdigt hat, wurde mit einem kleinen Grabstein geehrt, auf dem seine Lebensdaten verzeichnet sind. Im Februar 2023 waren das 281 Projekte, im Durchschnitt also 15 bis 16 Produkte pro Jahr, darunter so langlebige Projekte wie »Google Surveys« (2012–2022), »Google Chrome Apps« (2010–2022) oder »Google

Sites« (2008–2021). Google produziert unablässig Ideen, testet sie aus und verabschiedet sich genauso schnell davon, wenn sie nicht erfolgreich sind oder durch bessere abgelöst werden können – getreu dem schon zitierten Motto des Nobelpreisträgers Linus Pauling: »Der beste Weg, eine gute Idee zu haben, ist, viele Ideen zu haben.«

Wer die »20-Prozent-Regel« tatsächlich erfunden hat

Ist die »20-Prozent-Regel« (siehe Säule 6) tatsächlich das Erfolgsgeheimnis der Google-Ideenvielfalt? Einerseits ja, denn wichtige Projekte wie »Google News« oder »Google Maps« sollen auf diese Weise entstanden sein. Andererseits nicht nur, denn 2013 häuften sich Stimmen, Google habe die Regelung abgeschafft oder stark eingeschränkt: Die Kreativzeit müsse beispielsweise ab sofort beim Vorgesetzten beantragt werden.[84] Marissa Mayer, Ex-CEO von Yahoo und selbst lange Zeit bei Google, sagte einmal: »Das Geheimnis von Googles ›20 Prozent Zeit‹-Regel ist, dass es in Wahrheit 120 Prozent sind.« Mit anderen Worten: Besonders motivierte Mitarbeiter werkelten über ihre reguläre Arbeitszeit hinaus an neuen Projekten. Rund zehn Prozent der »Googler« sollen von der 20-Prozent-Regel Gebrauch gemacht haben. [85] Die Vorstellung, die Google-Zentrale sei bevölkert von Heerscharen tüftelnder Innovatoren, die einen Tag in der Woche tolle Ideen ausbrüten, ist also ein romantischer Mythos. Jedes Unternehmen, auch Google, hat Mitarbeiter, die einfach das operative Geschäft am Laufen halten und ihre Kreativität lieber anderswo ausleben. Nicht einmal selbst erfunden hat Google die 20-Prozent-Regel. Die Grundidee stammt von 3M, einem Unternehmen, das schon 1902 gegründet wurde und bis heute für seine Innovativität berühmt ist. Entwickler dürfen dort seit jeher bis zu 15 Prozent ihrer Arbeitszeit in Projekte eigener Wahl investieren, und das rentiert sich offenbar. Der Konzern bringt jährlich weltweit rund 1000 neue Produkte auf den Markt und macht 35 Prozent seines Milliardenumsatzes mit Produkten, die jünger als fünf Jahre sind.[86] Und daneben seit Jahrzehnten viel Geld mit einem Produkt, das fast jeder in seinem Büro hat und das in diesem kreativen Klima aus einem Kleber, der gar nicht richtig klebt, entstand: Post-it.

Auch wenn der wöchentliche Tüftel-Tag nicht mehr so selbstverständlich ist, gelingt es Google offenbar, ein Klima zu schaffen, in dem kontinuierlich Neues entsteht. Ein Klima, in dem die Entwicklung von Ideen ein positiver Wert ist und das »Killen« von Ideen kein peinlicher Fehlschlag, sondern alltägliche Praxis. Nicht einmal Google hat schließlich eine Glaskugel, die den zukünftigen Erfolg von innovativen Projekten vorhersehbar macht. Man muss es schlicht ausprobieren – wohlüberlegt Konzepte entwickeln und dann nicht zu lange warten, um zu schauen, ob sie sich in der Praxis bewähren. Wenn genügend Ideen auf den Weg gebracht werden, wächst die Chance, dass ein echter Renner darunter ist. Es ist dieser Spirit des In-Bewegung-Bleibens und Scheitern-Dürfens, der dazu führt, dass Menschen sich trauen, neu zu denken, ihre Ideen auszuarbeiten und auf Tauglichkeit zu prüfen. Astro Teller, CEO von X (Googles Innovationsschmiede), hat das so ausgedrückt: »Innovation ist nicht etwas, das man für eine gewisse Zeit tut, dann in den Kühlschrank stellt und erst wieder herausnimmt, wenn es passend scheint. Innovation ist etwas Kulturelles, es ist gewohnheitsbildend. Genauso wie das Nicht-innovativ-Sein gewohnheitsbildend ist.«[87] Daneben hat Google wie viele andere Unternehmen eigene Ideen-Inkubatoren installiert, auf die ich im Abschnitt »Wege statt Worte« noch eingehe.

Was zählt: in Bewegung bleiben und scheitern dürfen

Neben Google wird auch Amazon immer wieder als Leuchtturm unter den besonders innovativen Unternehmen genannt. 1994 von Jeff Bezos in seiner Garage in Seattle gegründet (kein Scherz), ist das Unternehmen in wenigen Jahren vom Online-Buchhändler zum milliardenschweren Dienstleister mit einer Fülle von Angeboten mutiert.[88] Inzwischen fürchten sich Einzelhändler und Stadtoberhäupter, Verlage, Filmstudios und Logistikunternehmen vor dem scheinbar rastlos voranschreitenden Anbieter, der ständig neue Services auf den Markt wirft. Was Amazon mit Google schon auf den ersten Blick verbindet, ist die lange Liste gestarteter und wieder gestoppter Projekte. Eine kleine Auswahl:

Gestartete und wieder gestoppte Projekte bei Amazon

- Amazon Fire Phone (eigenes Smartphone)
- Amazon Destinations (Hotelbuchungen)
- Amazon Webstore (E-Commerce-Plattform)
- Amazon Haute Couture (hochpreisige Mode)
- Amazon Restaurants (Lieferdienst)
- Amazon Spark (Shoppingplattform, die angelehnt an Instagram primär mit Fotos arbeitete)
- Amazon WebPay (Peer-to-Peer Zahlungsdienst)
- Amazon PayPhrase (schnelle Zahlung durch Wortfolge und PIN)
- Amazon Auction (Online-Auktionen nach dem Vorbild von eBay)
- Amazon Elements Soft & Cozy Diapers (Babywindeln)
- Amazon Pop-up-Stores (stationäre Läden)

Das Spektrum reicht von der Hotelbuchung bis zur Windel, ganz offensichtlich nach dem Motto: ausprobieren, was sinnvoll klingt, und rechtzeitig wieder einstellen, was nicht (oder nicht gut genug) funktioniert. Und das sind längst noch nicht alle Beispiele.[89]

Amazon: Es ist immer »Day 1«.

Auch bei Amazon steht die Unternehmenskultur an erster Stelle, wenn es um das Geheimnis stetiger Innovation geht. Jeff Bezos, inzwischen vom Chefsessel an die Spitze des Verwaltungsrates gewechselt, sprach in seinen Aktionärsbriefen immer wieder vom »Day 1«-Spirit, den es zu erhalten gelte, so etwa im Aktionärsbrief 2016[90]: »Seit einigen Jahrzehnten erinnere ich die Leute regelmäßig daran, dass es Tag 1 ist. Ich arbeite in einem Amazon-Gebäude, das Tag 1 heißt, und wenn ich umzog, nahm ich diesen Namen mit. (…) Tag 2 ist Stagnation. Gefolgt von Bedeutungslosigkeit. Gefolgt von qualvollem Abstieg. Gefolgt von Tod. Und deshalb bleibt es immer Tag 1.«

Bezos beschwört eine Art Start-up-Geist, in dem es um »geduldiges Experimentieren«, »Akzeptanz von Fehlschlägen«, »Säen und die Pflege von Setzlingen« und schließlich »die Verdoppelung von Anstrengungen, wenn die Kunden etwas mögen« geht. Was nicht auf seiner Liste der Erfolgskriterien steht und was Amazon von vielen großen Unternehmen unterscheidet, sind lange Entscheidungsrunden und ausgedehnte Marktforschung. Stattdessen setzt Bezos auf »Hochgeschwindigkeitsentscheidungen« (»High-

Velocity Decision Making«) und intuitives Kundenverständnis. Er habe grundsätzlich nichts gegen Marktforschung, aber oft mutiere diese zu einer Routine, die insbesondere bei der Erfindung und beim Design neuer Produkte »gefährlich« sei. Aussagen wie »55 Prozent der Beta-Tester sind mit diesem Merkmal zufrieden, gegenüber 47 Prozent beim ersten Test« seien schwer zu deuten und potenziell irreführend.

Die Tücken der Marktforschung

Ich zitiere das auch deswegen so ausführlich, weil es sich mit meiner Erfahrung in zahlreichen Unternehmen deckt: Man kann die Verantwortung für Produktentscheidungen nicht auf die Marktforschung abwälzen. Und dabei geht es nicht nur um die Verzerrung von Ergebnissen durch »Befragungshopper«, denen die Teilnahme an möglichst vielen Umfragen schlicht als Einnahmequelle dient. Es geht auch um die Gruppendynamik in Fokusgruppen, die zu Urteilen führt, die in der späteren Praxis keinen Bestand haben. Wenn mit diesem scheinbar kundenorientierten Instrument in mehrfachen Runden ein Produkt entwickelt wird, hat das Ergebnis häufig mehr mit der Durchsetzungskraft einzelner Alphatiere in der Gruppe als mit dem allgemeinen Kundengeschmack zu tun. Und es geht schließlich um ein grundsätzliches Problem, das der Werbe-Guru David Ogilvy einmal so auf den Punkt brachte: »Ich habe drei kleine Probleme mit Marktforschung: Erstens denken die Menschen nicht so, wie sie fühlen, zweitens reden die Menschen nicht so, wie sie denken, und drittens handeln sie nicht so, wie sie reden.«[91] Dazu habe ich ein schönes Beispiel. Ich arbeitete lange für die Schokolade im lila Papier. Wir führten im Rahmen der Marktforschung eine Befragung zur ungestützten (nicht durch Werbung initiierten) Akzeptanz der Marke durch. Diese lag bei traumhaften 98 Prozent. Die Verbraucher liebten die Geschichte und die Emotionalität der Marke, alles top. Auf die Frage des Marktforschers, welche Schokolade denn bei ihnen im Einkaufskorb liegt, verwiesen viele dann allerdings auf die mit dem Slogan »quadratisch, praktisch, gut«.

Gespür für Kundenwünsche statt Zahlengläubigkeit

Der Versuch, Risikoscheu mit Marktforschung zu bekämpfen, steht daher auf tönernen Füßen. Als Pietro Ferrero gleich nach dem Zweiten Weltkrieg Nutella erfand, konnte er sich nicht auf Kundenumfragen stützen, sondern nur auf einen Geistesblitz angesichts des herrschenden Schokoladenmangels und auf seine Intuition. Heute landet angeblich ein Viertel der weltweiten Haselnussernte in Nutella-Gläsern.[92] »Zigarren-König« Zino Davidoff behauptete einst, er habe nie Marketing gemacht, sondern nur seine Kunden geliebt. Und Jeff Bezos schrieb rund sieben Jahrzehnte später: »Gute Erfinder und Designer haben ein tiefes Verständnis für ihre Kunden. Sie investieren enorm viel Energie, um diese Intuition zu entwickeln. Sie studieren und verstehen viele Geschichten statt nur die Durchschnittswerte, die man in Surveys findet.«[93] Diese von Bezos vielfach beschworene »Customer Obsession« geht in manchen Unternehmen über dem Tüfteln an technischen Möglichkeiten verloren und führt zu Erfindungen, die kaum jemand braucht, vom Segway bis zum smarten Kühlschrank, der es meldet, wenn die Milch alle ist. Der Erfolg gibt den drei Verfechtern der »Kundenintuition« recht, auch wenn diese Haltung schlecht zur modernen daten- und controllingfixierten Unternehmensführung passt. Umsetzen lässt sich dieses Verständnis ohnehin nur mit der passenden Führungskultur. Denn sie ist es, die die Unternehmenskultur maßgeblich bestimmt. Salopp gesagt: Der Fisch stinkt oder glänzt immer vom Kopf her.

Führung für mehr Kreativität: Machen lassen!

Zu Beginn meiner Laufbahn arbeitete ich in einer Agentur als Juniordesignerin. Zu unseren Kunden zählte ein Unternehmen, das Joghurt produzierte. Joghurt ist typischerweise das Produkt, das einem ein gutes Gewissen verschafft, wenn man Lust auf Süßes hat und sich die Schokolade verkneifen will. Oder wenn man eigentlich keinen Nachtisch essen sollte, aber auch nicht komplett darauf verzichten möchte. Mir kam spontan der Gedanke, ob man diese Grundidee nicht auch auf herzhafte Snacks übertragen könnte

– der Joghurt als gesunde Alternative zu Chips und Salzgebäck sozusagen. Und so rührte ich abends in unserer WG-Küche einen Joghurt mit Paprika, Kräutern und Gewürzen zusammen und präsentierte ihn am nächsten Tag im Grundsatz-Meeting dem Team und der anwesenden Geschäftsführerin des Kunden. Die Schüssel war im Nu leer, aber das ist es nicht, worauf es mir ankommt. Es spielt auch keine Rolle, dass die Firmenchefin zwar angetan war, sich aber letztlich gegen das Produkt entschied. Entscheidend war, dass mir bei all dem nicht einen Moment der Gedanke kam, ich dürfe das nicht oder meine Initiative könne schlecht ankommen.

Das A und O: ein angstfreies Klima

Heute weiß ich, dass eine solche angstfreie Atmosphäre alles andere als selbstverständlich ist. Dabei wäre eine Organisation, in der jeder von der Reinigungskraft bis zum CEO kreative Ideen äußern darf, ein idealer Nährboden für Innovationen. Stattdessen habe ich wiederholt erlebt, dass die wirklich kreativen Köpfe in Unternehmen nicht lange überleben. Ihr stetiges Infragestellen des Status quo wird als anstrengend empfunden. Aus den ausdrücklich gesuchten (und bis vor einiger Zeit noch nicht mit Verschwörungstheorien assoziierten) »Querdenkern« werden in den Augen der anderen ganz schnell ungeliebte Querulanten. Solche Mitarbeiter gehen dann in die innere Immigration, oder sie kündigen. Selbst im Agenturgeschäft, wo die Kreativität angeblich zu Hause ist und alle tolle Ideen haben dürfen (und sollen), machen manche Führungskräfte es dem Nachwuchs schwer, selbstbewusst der eigenen Inspiration zu folgen. Dabei braucht es gerade hier immer wieder frischen Wind, um nicht in Routinen zu ersticken.

Die beste Idee kann auch die Praktikantin haben.

Das größte Hindernis für kreative Mitarbeiterfreiräume ist meiner Erfahrung nach das Ego der Führungskraft, beispielsweise der Gedanke: »Da ist man 15, 20 Jahre im Geschäft und soll sich von einem Youngster etwas vormachen lassen!?« Ja, genau so ist es! Natürlich sind jahrelange Erfahrung und Gespür nicht zu unterschätzen, aber auch das garantiert nicht, dass man per se immer die beste Idee hat. Wer souverän genug ist, dies anzuerkennen und Mitarbeiter und ihre Vorschläge ernst zu nehmen, tut ihnen und dem kreativen Spirit im Unternehmen einen großen Gefallen. Ich erinnere mich an eine Präsentation für einen wichtigen Kunden meiner Agentur, der seine Produktpalette um Getränke ergänzte und dafür Entwürfe von uns erwartete. Zwei Tage vor dem festgelegten Präsentationstermin waren wir fertig – eine Routine bei uns, die ich nur empfehlen kann, weil sie einem die Luft verschafft, dem Erarbeiteten in Ruhe noch den allerletzten Schliff zu geben. Zu der Zeit hatten wir zwei Praktikantinnen, eine Illustratorin und eine Designerin. Ich rief sie zu mir und schlug ihnen vor, den nächsten Tag zu nutzen, um noch einmal etwas ganz anderes auszuprobieren: »Es gibt keine Denkverbote, und wir haben keinen Stress – wir haben bereits einen sehr guten Entwurf. Macht noch mal, was euch gefällt! Fliegt – und dann schauen wir, was dabei herauskommt.« Die beiden gingen begeistert ans Werk und überraschten mich mit tollen Entwürfen. Der Kunde entschied sich am Ende für den Entwurf der jungen Illustratorin, der noch besser ankam als unsere ursprüngliche Lösung.

Innovation beginnt bei Personalentscheidungen.

Menschen wollen gesehen und nicht nur als ausführende Organe betrachtet werden. Anerkennung beflügelt, ein Vertrauensvorschuss ebenso. Noch heute denke ich manchmal an das Lob einer in der Branche sehr geschätzten und bewunderten Designerin, mit der ich in meiner Anfangszeit eine Zeit lang zusammenarbeiten durfte. Ich hatte einen Heidenrespekt vor ihr und war überrascht, wie unkompliziert die gemeinsame Arbeit sich gestaltete. Auf der Abschiedsparty vor meinem Jahr in New York strahlte diese Frau mich an und sagte: »Aus dir wird mal was ganz Großes!« Dieser Satz hat mich durch manche Täler getragen und gestärkt, wenn ich wieder einmal unsicher war, ob meine aktuelle Idee durchsetzungsreif ist. Wenn die Ideen von Menschen wertgeschätzt werden, macht ihnen das Lust auf Kreativität. Wer dagegen Gleichgültigkeit oder gar Ablehnung erfährt, behält seine Einfälle lieber für sich. Warum sollte man einem Chef sein ganzes Können schenken, wenn man ihn nicht mag oder sich von ihm schlecht behandelt fühlt? So gesehen beginnt Innovation bei Personalentscheidungen auf Führungs- wie Mitarbeiterebene. Es braucht souveräne Führungskräfte, die es nicht nötig haben, andere kleinzumachen, um sich selbst größer zu fühlen. Und es braucht den Mut, Menschen ins Unternehmen zu holen, die erkennbar ideenreich sind und unter Umständen sogar besser als man selbst. Das setzt Auswahlprozesse voraus, die nicht nur nach Schema F verlaufen, weil gerade kreative Persönlichkeiten sich oft nicht in solche Schemata pressen lassen. Wenn wir in der Agentur Nachwuchskräfte suchten, bat ich die Kandidaten beispielsweise immer, zum Bewerbungsgespräch etwas mitzubringen, woran ihr Herz hing und was sie ausmachte. Das war meiner Erfahrung nach aussagekräftiger als ihre Präsentationsmappe, die nicht selten im Team entstanden war. So konnte ich zum Beispiel an den unfassbar guten Bildern, die ein Designer in seiner Freizeit malte, sein kreatives Potenzial viel besser ablesen.

Edison: begnadeter Erfinder – und kluge Führungskraft

Wie wichtig gute Führung für kreativen Output und Innovation ist, lässt sich auch an einem historischen Beispiel verdeutlichen. Thomas Alva Edison gilt heute landläufig als einsames Erfindergenie, das unermüdlich an seinen überwältigend zahlreichen Einfällen tüftelte. Doch das ist eine verzerrte und romantisierende Sichtweise. In Wahrheit betrieb Edison im kalifornischen Menlo Park ein Forschungslabor, in dem er zahlreiche kluge Köpfe beschäftigte, darunter Erfinder, Ingenieure, Techniker, Chemiker, Physiker, sogar Glasbläser. Die Glühbirne, die inzwischen zum universellen Ikon für den Geistesblitz geworden ist, brauchte schließlich eine passende Hülle! Robert Bosch, Henry Ford und Nikola Tesla arbeiteten zeitweise für Edison. Die Liste seiner Mitarbeiter, die es später selbst zu Ruhm und Reichtum brachten, ist lang. Edison soll es verstanden haben, eine produktive Atmosphäre zu schaffen, in der Teamgeist herrschte, keine einengenden Vorschriften bestanden und Mitarbeiter auch durch finanzielle Beteiligungen an den Früchten ihrer Ideen Wertschätzung erfuhren. Nur so konnte er mehr als 1000 Patente anmelden und Innovationen auf den Weg bringen, die buchstäblich die Welt verändern sollten, beispielsweise das elektrische Licht oder technische Errungenschaften in der Telegrafie, Telefonie und Kinematografie. Der »Zauberer von Menlo Park«, wie Edison manchmal genannt wird, war offenbar auch ein guter Boss.[94]

Was lebt das Topmanagement vor?

Eine innovationsfreundliche Kultur ist ein fragiles Gebilde, das durch gängelnde und wenig wertschätzende Führung rasch zerstört werden kann. Deshalb ist es – wie bei allen grundsätzlichen Weichenstellungen im Unternehmen – wichtig, dass eine solche Kultur vom Topmanagement mitgetragen und dort auch vorgelebt wird. »Stelle gute Leute ein und lass sie dann in Ruhe arbeiten«, soll der damalige 3M-CEO William McKnight bereits in den Fünfzigerjahren als Unternehmensmotto ausgegeben habe, und das gilt in diesem Konzern bis heute.[95] Kleinteilige Anweisungen und Mikromanagement haben in einem solchen System nichts verloren.

Impulse statt Anweisungen geben

Ich bin ein großer Freund von Leitplanken, die einen Rahmen abstecken und Spielräume lassen, statt etwas vorzuschreiben. Auch Feedback sollte eher im Gewand allgemeiner Impulse daherkommen denn als Anweisung. »Macht das lieber in Grün statt Blau, nimm bitte auch eine andere Schrift. Und wenn du dann das Bild noch größer ziehst, passt alles.« – So hört sich ein Urteil an, das jeden Designer, der Tage über einem Entwurf gebrütet hat, nur kränken und demotivieren kann. »Hast du schon mal über eine andere Farbe nachgedacht?« ist dagegen ein Impuls, den man leichter annehmen kann. Und wenn wirklich Bedenken und Kritik anzumelden sind, tut man als Chefin oder Chef gut daran, sich zu fragen: Ist das jetzt mein Ego, das sich da meldet? Oder habe ich wirklich sachliche Gründe? Eingefleischte Egomanen werden natürlich immer »sachliche« Gründe finden, schon klar. Aber wer je das Glück hatte, mit einer Führungskraft zu arbeiten, die sich selbst zurücknehmen und Fehler zugeben konnte, hat erlebt, wie beflügelnd das ist.

Fehlerkultur. Oder: schöner scheitern

»Gewinner haben keine Angst vor dem Verlieren. Verlierer schon. Misserfolge sind Teil des Erfolgsprozesses. Wer Misserfolge vermeidet, vermeidet den Erfolg.« Das soll Robert T. Kiyosaki, US-Unternehmer und Bestsellerautor, gesagt haben. Seit gefühlt Jahrzehnten tönt in Unternehmen der Ruf nach mehr »Fehlerfreundlichkeit« und nach einer »positiven Fehlerkultur«. Hätte sich wirklich etwas in dieser Richtung bewegt, wären solche Forderungen längst überflüssig. Dabei scheint zum Thema inzwischen alles gesagt: Fehler nicht sanktionieren; nicht nach Schuldigen suchen, sondern nach Lösungen; selbst Fehler zugeben, auch als Chefin oder Chef, und so weiter. Nur: Solange Boni, Prämien und Beförderungen an der Erreichung von Zielvorgaben gemessen werden und die eigene Karriere vorrangig davon abhängt, erfolgreich zu »performen«, ist es nicht opportun, allzu offen mit seinen Fehlern umzugehen.

Zwischen Fehlerarten unterscheiden

Daneben fehlt mir in der Debatte auch die Differenzierung verschiedener Arten von Fehlern. Es gibt vermeidbare Fehler (Termin verschlampt, falsche Präsentation gemailt, Schadsoftware eingefangen). Die sind menschlich und damit auch verzeihlich – bis zu einem gewissen Grad wenigstens. Sie sollten halt nicht zu häufig auftreten. Und es gibt unvermeidliche Fehler, die daraus resultieren, dass man sich auf neues Terrain vorwagt, auf dem sich der eingeschlagene Weg als Sackgasse erweist. Bei der Umsetzung kreativer Ideen sind Fehlschläge nicht zu vermeiden, weil bislang niemand in die Zukunft blicken kann. Nicht mal Elon Musk. Fehler sind in diesem Fall Umwege, die man manchmal gehen muss, um hinterher schlauer zu sein und es besser zu machen – frei nach Henry Ford: »Scheitern ist einfach die Gelegenheit, wieder von vorn anzufangen, diesmal intelligenter.« Wer Angst vor dem Scheitern hat, erstarrt. Das gilt im Kleinen, in der eigenen Biografie, wie im Großen, im Unternehmen.

Das Erfolgsrezept lautet also nicht, das Scheitern zu vermeiden. Das Erfolgsrezept lautet: schneller scheitern und daraus lernen. Viele der Produkte, die Google oder Amazon wieder einstampften, waren nicht sinnlos. Sie ebneten den Weg für andere, bessere Ideen oder gingen gar in ihnen auf. Vielleicht sollte man aufhören, in diesem Kontext von »Fehlern« oder »Scheitern« zu reden und stattdessen von nützlichen Lernerfahrungen sprechen, die eine Kurskorrektur ermöglichen.

Die Achillesferse großer Organisationen: Langsamkeit

Die Welt der Wirtschaft dreht sich schnell und immer schneller. Das ist ein Allgemeinplatz. »88 Prozent der Fortune-500-Unternehmen von 1955 existierten 2015 nicht mehr«, stellt das Zukunftsmagazin *fintropolis* fest.[96] Auch hierzulande sind in dieser Zeit Unternehmensriesen verschwunden, bei denen man dies nicht für möglich gehalten hätte – im Handel beispielsweise die Versandhäuser Quelle und Neckermann oder die Drogeriemarktkette Schlecker. Im Nachhinein erscheinen alle drei wie Tanker, die zu schwerfällig waren, um rechtzeitig umzusteuern und sich auf digitale Geschäftsmodelle oder veränderte Kundenansprüche einzustellen. Werden wir das irgendwann auch über Amazon oder den Google-Nachfolger Alphabet sagen? Bisher deutet nichts darauf hin. Dort ist das Bewusstsein gewachsen, dass rührige Start-ups solchen Branchengrößen das Leben auch deswegen schwer machen können, weil die Entscheidungsprozesse in großen Organisationen zu lange dauern. Amazon hat die Konsequenz daraus in seinen »Leadership Principles« gezogen, die man auf der Website nachlesen kann. Neben »Kundenbesessenheit«, Eigenverantwortung und Ergebnisorientierung spielt die Entscheidungsgeschwindigkeit hier eine große Rolle, wie das folgende Zitat aus den Amazon »Leadership Principles«[97] zeigt:

»Bias for Action« – Aktiv handeln

Schnelles Handeln ist wichtig im Geschäftsleben. Viele Entscheidungen und Handlungen sind widerrufbar und müssen nicht ausgiebig vorab untersucht werden. Wir schätzen kalkulierte Risikobereitschaft.«

»Disagree and commit« als Entscheidungsbeschleuniger

Wir erinnern uns: Entscheidungen möglichst in »Hochgeschwindigkeit« gehören für Bezos zum »Day 1«-Spirit dazu. Ob es dauerhaft gelingen kann, diesen Start-up-Geist in einer Großorganisation mit ihrer Tendenz zur Bürokratisierung zu erhalten? Viele traditionelle Unternehmen setzen da eher auf die Kooperation mit Start-ups oder Eigengründungen, die inhaltlich und auch räumlich vom Mutterhaus getrennt arbeiten, um ja nicht mit dessen Behäbigkeit infiziert zu werden (mehr dazu im nächsten Abschnitt). Amazon dagegen gibt seinen Führungskräften und Mitarbeitern ein interessantes Tool mit auf den Weg, um endlose Entscheidungsprozesse und wiederholte Abstimmungsrunden zu vermeiden: »disagree and commit«. Statt auf mühsame Kompromissfindung zu setzen, sollen in fairer Diskussion Entscheidungen gefällt werden, die anschließend auch die Skeptiker mittragen. Es gilt also, einerseits offen seine Bedenken anzumelden und andererseits das kritisierte Vorhaben engagiert zu unterstützen, wenn man sich mit seiner Position nicht durchsetzen konnte. Diese Mischung – »Rückgrat zeigen, die eigene Meinung vertreten *und* die getroffene Entscheidung mittragen« – verlangt souveräne Persönlichkeiten, die ihr Ego im Griff haben. Es heißt ja nicht zufällig »disagree *and* commit«, und nicht etwa »disagree but commit«. Es geht halt nicht um halbherzige Akzeptanz, sondern um volle Unterstützung, echtes »Commitment« eben. Wäre schön, wenn die Unternehmenswirklichkeit diesem hehren Ziel entspräche!

Wege statt Worte: Wie Ideen umgesetzt werden

In den allermeisten Unternehmen ist das Klima eher operativ als kreativ, und das ist auch nachvollziehbar. Schließlich ist es das Tagesgeschäft, das Einnahmen generiert und das unmittelbare wirtschaftliche Überleben sichert. Mittel- und langfristig allerdings braucht jedes Unternehmen Innovationen, um weiter zu bestehen. Es ist das alte Eisenhower-Paradox aus dem Werkzeugkasten des Zeitmanagements: Die dringenden und wichtigen Aufgaben und auch die dringenden, aber weniger wichtigen fressen alle Zeit. Allerdings: Die wirklich entscheidenden, weil grundsätzlichen Fragen werden wiederholt vertagt, weil sie nicht unmittelbar zeitsensibel sind. Als Ausweg aus dieser Falle bieten sich Routinen und Strukturen an, die kreative Ideen und ihre Umsetzung im Unternehmensalltag fest verankern. Dafür gibt es vielfältige Ansätze. Beginnen wir mit einem sehr beliebten und meistens leider wenig effektiven Instrument: dem großen jährlichen Kreativworkshop.

Der Unternehmensworkshop ist keine Lösung.

Wenn Unternehmen ein deutliches Zeichen setzen wollen, dass sie sich Innovation auf die Fahnen geschrieben haben, veranstalten sie häufig einen unternehmensweiten Workshop. Moderiert wird diese Großveranstaltung, auf der einen ganzen Tag lang in wechselnden Gruppen und Formaten über neue Ideen debattiert werden soll, häufig von externen Dienstleistern. Auch meine Agentur hat für Kunden solche Events geplant und ausgerichtet, auf denen es bunt und lebhaft zuging und abseits des Alltagsgeschäfts neue Businessmöglichkeiten ausgelotet wurden. Doch um ehrlich zu sein: Ich habe nie erlebt, dass allein aus solchen Veranstaltungen konkrete neue Projekte hervorgingen. Es fehlt ihnen an Nachhaltigkeit. Was als Kick-off für eine Kreativitätsinitiative durchaus sinnvoll ist, versandet, wenn nicht klar ist, wie es danach weitergehen soll. Was passiert mit den erarbeiteten Ideen? Wer trägt den Staffelstab weiter? Es braucht auch nach dem Workshop intern oder extern jemanden, der den Hut aufhat, um für die Weiterverfolgung und das Testen und Realisieren der besten Ideen zu sorgen. In der Praxis bleibt es häufig bei einem Protokoll der vielfältigen Resultate, das irgendwo abgeheftet wird. Dann gewinnt der Alltag wieder die Oberhand, und die Workshop-Ergebnisse geraten in Vergessenheit. Besonders heikel sind solche Ad-hoc-Kreativitätsinitiativen, wenn sie in Zeiten der Umstrukturierung fallen. Auch das habe ich erlebt. Die Geschäftsführung eines Handelsunternehmens, das sich mitten in einem umfassenden Transformationsprozess befand, hatte es gut gemeint und wollte vermutlich ein positives Signal an die Belegschaft senden. Doch Mitarbeiter, die nicht wissen, welche Funktion im Unternehmen sie übermorgen haben werden, oder die gar um ihren Job bangen, sind nicht zu kreativen Höhenflügen aufgelegt. Die schwedischen Managementvordenker Jonas Ridderstrale und Kjell Nordström schreiben dazu: »Um kreativ zu sein, müssen wir locker sein. Wir brauchen Ressourcen und Zeit. Wir brauchen Zeit, um uns hinzusetzen und nachzudenken. Wir brauchen Zeit für uns allein. Wir brauchen Zeit, um herumzuspielen. Wir brauchen Zeit zum Experimentieren. Wir brauchen Zeit, um uns gelegentlich mit anderen zu unterhalten.«[98]

Einmalige Initiativen mutieren so vielfach zu Kreativitätskulissen, die bestenfalls die Teambildung im Unternehmen fördern, nicht aber Innovationen auf den Weg bringen. Ohnehin stellt sich die Frage, ob es sinnvoll ist, sämtliche Mitarbeiter in solche Veranstaltungsformate zu beordern – auch jene, die das nur als lästige Unterbrechung ihres Alltags empfinden oder von vornherein am Sinn des Ganzen zweifeln. Je größer die Gruppen werden, die gemeinsam kreativ sein sollen, desto eher besteht im Übrigen die Gefahr, dass sich wenige dominante Mitglieder durchsetzen oder am Ende nur der kleinste gemeinsame Nenner herauskommt. Was zu der Frage führt, welche Merkmale eine Idee überhaupt aufweisen muss, um als »Innovation« gelten zu können.

Wann ist eine Idee wirklich innovativ?

Landläufig wird zwischen »inkrementellen« und »disruptiven« Innovationen unterschieden. Der Begriff der »Disruption« wurde Ende der Neunzigerjahre von Clayton Christensen kreiert, einem Harvard Professor, dessen Buch »The Innovator's Dilemma«[99] (1997) noch 14 Jahre später vom *Economist* zu den sechs wichtigsten Businessbüchern gezählt wurde, die jemals erschienen sind.[100] Das Dilemma, von dem Christensen spricht, besteht darin, dass etablierte, marktbeherrschende Unternehmen mit großem Kundenstamm hohe Umsatzerwartungen haben und diese lange Zeit auch realisieren. Ihre Kunden stellen sie dabei mit kleinen Verbesserungen des vertrauen Produkts zufrieden (inkrementelle Innovationen). Eine solche Organisation hat kaum Interesse an radikalen Neuerungen mit zunächst kleinem Kundenkreis und ungewissen Erfolgsaussichten. Warum sollte sie auch? Ihr Geschäft läuft doch bestens – noch. In diese Nischen stoßen kleine Unternehmen, häufig Neugründungen, vor. Sie sind risikofreudiger und zunächst mit geringeren Umsätzen und Gewinnen zufrieden. Währenddessen verbessern sie ihre Geschäftsidee kontinuierlich. Wenn sie erfolgreich sind, wächst das Kundeninteresse an ihrem Angebot, und irgendwann kommt der Punkt, an dem die Newcomer den etablierten Marktteilnehmern gefährlich werden. Das ist der Moment, an dem »neue Technologien große Firmen zu Fall bringen«,

Inkrementelle versus disruptive Innovationen

wie es im Untertitel von Christensens Buch heißt.[101] Disruptionen zerstören dann vorhandene Märkte, indem sie etablierte Produkte ablösen oder sogar vollständig verdrängen. Die Automobilindustrie, die den Elektroantrieb lange Zeit vernachlässigte und den branchenfremden Newcomer Tesla nicht ernst nahm, ist ein Beispiel dafür, wie aus einer zweitrangigen »Nische« plötzlich der begehrte Vorreiter wird.

Disruption gestern und heute

Die derzeit am häufigsten genannten Beispiele für Disruptionen sind *Uber* als Alternative zum Taxi und *Airbnb* als ernsthafte Konkurrenz zur klassischen Hotelbuchung. Doch Disruption ist kein Phänomen der Jetztzeit. Der mechanische Webstuhl löste vor zwei Jahrhunderten die Weberei in Heimarbeit ab, die Eisenbahn wenig später die Pferdekutsche, der Supermarkt mit Selbstbedienung nach dem Zweiten Weltkrieg den Tante-Emma-Laden. Kennzeichnend für unsere Zeit sind jedoch die Anzahl und die Geschwindigkeit, mit der disruptive Technologien etablierte Geschäftsmodelle infrage stellen. Mobiltelefone verdrängten das Festnetz, die E-Mail den Brief, das Smartphone das Handy, Streamingdienste physische Tonträger und irgendwann vielleicht auch das Kino, Onlinemagazine und digitale Angebote gedruckte Zeitungen, KI-Anwendungen manuelle Übersetzungen. Und das sind nur ein paar der offensichtlichsten Fälle, die jeder, der über 30 Jahre alt ist, in seinem Alltag erlebt hat – von B2B-relevanten Entwicklungen erst gar nicht zu reden. Solche fundamentalen Neuerungen kommen in der Regel nicht von den Platzhirschen einer Branche. Diese reden sich lange Zeit ein, es handele sich bei der Innovation um ein unbedeutendes Nischenprodukt, siehe Automobilbranche. Ihr Erfolg macht viele Unternehmen selbstgewiss und träge, was das Experimentieren mit neuen Ideen angeht. Das ist übrigens nicht erst Professor Christensen aufgefallen. Fast ein Jahrhundert zuvor schrieb ein anderer berühmter Ökonom, Joseph Schumpeter: »Auch die modernste Unternehmung hat einen Beharrungswiderstand gegen Veränderungen.«[102] Und auch in seiner bekannten These von der Kraft der »schöpferischen Zerstörung« als Motor wirtschaftlicher Entwicklung ist der Gedanke der Disruption schon präsent.

Die Milliarden-Dollar-Frage lautet also: Wie kann es gelingen, dass etablierte Unternehmen selbst radikale Neuerungen umsetzen, statt Gefahr zu laufen, von mutigen Newcomern gestürzt zu werden, wie einst der Riese Goliath durch den Hirtenjungen David? Eine Lösung, die schon Christensen empfahl und die inzwischen von vielen großen Unternehmen praktiziert wird, ist die Gründung eigener Tochter-Start-ups, die personell und oft auch räumlich getrennt vom Mutterunternehmen arbeiten, um nicht von deren Routinen, Gewohnheiten und festgefahrenen Sichtweisen angesteckt zu werden. Der Ex-Vorstand einer Krankenkasse berichtete mir, seine Organisation habe zu diesem Zweck extra einen Neubau für die Innovationsschmiede errichtet, mit eigener Kantine, damit sich »alte« und »neue« Mitarbeiter nicht einmal beim Essen begegneten und »die Kreativen« nicht mit dem alten Denken infiziert würden. Enorm groß war die Angst davor, dass das System die kreative Störung einfach neutralisieren würde wie ein lästiges Virus. Eine solche Abschottung verschiebt allerdings die Herausforderung nur, etablierte Skeptiker von neuen Ideen zu überzeugen, und ähnelt der Situation, in der sich auch externe Kreativ-Dienstleister befinden (siehe Kapitel 8: »Strategie. Als Kreativ-Dienstleister überzeugen und Kunden langfristig binden«). Dennoch: »Ohne Start-ups werden wir unseren Innovationsgeist Made in Germany verlieren«, sagt beispielsweise Thomas Herrmann, der CEO des Mittelständlers *Herrmann Ultraschalltechnik* aus Karlsbad. Dort hat der Spezialist für Schweißtechnik ein eigenes Start-up gegründet, das sich mit der Frage beschäftigt, wie man Lithium-Ionen-Batterien schweißt.[103]

Die erste Start-up-Strategie: Eigengründung

Ein Lösungsansatz besteht also darin, dass man Kreativität auslagert und an Teams delegiert, deren Aufgabe ausdrücklich das Erfinden und Austesten von etwas Neuem abseits eingefahrener Gleise ist. Auch *Google* beziehungsweise *Alphabet* verlässt sich nicht nur auf die Eigeninitiative seiner Mitarbeiter, sondern betreibt gleich zwei Ideenwerkstätten: *X* und *Area 120*. Das X-Lab bezeichnet sich als »Moonshot Factory«, in Anlehnung an John F. Kennedys ehrgeizigen Plan, binnen weniger Jahre einen Menschen zum Mond (und

Wo Google Innovationen ausbrüten lässt

wieder zurück) zu bringen. *X* nimmt für sich in Anspruch, kühne und risikoreiche Projekte mit der Geschwindigkeit und Ambition eines Start-ups in Angriff zu nehmen.[104] Teams beschäftigen sich hier unter anderem mit selbstfahrenden Autos (»Waymo«), neuen Technologien für den Internetzugang in schwer erreichbaren Weltregionen (»Taara«) sowie mit optimierter Nahrungsmittelproduktion mittels KI, Sensoren und Robotik (»Mineral«). *Area 120* dagegen ist der »In-House Incubator« von Google, in dem Teams 100 Prozent ihrer Zeit für Ideen aufwenden können, die in der legendären »20-Prozent-Zeit« entstanden sind. Google stellt vielversprechenden Ideen hier als Ressourcen für ihre Umsetzung zur Verfügung.[105] Über dieses interne Ideenlabor dringt nicht viel nach außen, nur, dass hier viele Ideen eine Zeit lang verfolgt, teilweise in Projekte des Mutterkonzerns integriert, häufig aber auch wieder verworfen werden. Ende 2022 gab es Meldungen, dass viele Projekte eingestellt wurden und dass das Lab sich mit reduzierter Mitarbeiterzahl zukünftig vor allem auf KI-Projekte konzentrieren solle.[106]

Die zweite Start-up-Strategie: Zukauf

Auch bei Google/Alphabet ist die Innovationswelt also nicht vollkommen heil. Eine Alternative zur Gründung eines eigenen Start-ups ist der Zukauf einer jungen Firma mit kreativem Potenzial. Das kaufende Unternehmen sichert sich damit innovative Ideen, Patente, nicht zuletzt auch kreative Mitarbeiter. Während im Mutterunternehmen das Business »as usual« weiterläuft, erhofft man sich vom Newcomer wichtige Innovationen, die bei Marktreife den eigenen Umsatz mehren und verhindern, dass man technologisch zurückfällt. In manchen Fällen lassen sich auf diese Weise auch potenzielle Konkurrenten ausschalten. Bei solchen Erwerbungen geht es in der Regel um technische Innovationen, etwa wenn das Pharmaunternehmen *Biontech* das britische KI-Start-up *InstaDeep* erwirbt, um dessen Know-how für die beschleunigte Entwicklung personalisierter Immuntherapien bei Krebserkrankungen zu nutzen (Januar 2023).[107] Ein bekanntes Beispiel für eine Innovationsspritze durch Zukauf eines jungen Unternehmens ist auch der Kauf der *StreetScooter GmbH*, einer Ausgründung der RWTH Aachen, durch die *Deutsche Post AG*. Seit 2010 entwickelte *StreetScooter* ein möglichst günstiges Elektro-Lieferfahrzeug für den innerstädtischen Kurzstreckenverkehr,

2011 wurde bereits ein Prototyp vorgestellt, 2014 dann die erste Kleinserie von 200 Fahrzeugen gefertigt – gemessen an den Entwicklungszyklen der etablierten Autohersteller ist das fast schon Lichtgeschwindigkeit.

Herausforderungen bei Start-up-Zukäufen

Ende 2014 kaufte die *Deutsche Post* das Unternehmen, nachdem es ihr nicht gelungen war, von einem der traditionellen Automobilkonzerne ein solches Fahrzeug zu bekommen – eine Blamage für die Automobilbranche, wie der *Spiegel* urteilte.[108] Jedenfalls ist der *StreetScooter* ein klassisches Beispiel dafür, wie ein Newcomer aus dem Nichts den Branchenriesen beim Thema Innovation davonläuft. Auch wenn inzwischen Tausende der E-Lieferwagen durch die Städte kurven, gelang es der Deutschen Post nicht, ihre Tochter in die Gewinnzone zu führen. Ende 2021 verkaufte sie *StreetScooter* an den ehemaligen BMW-Vorstand und Gründer eines E-Auto-Start-ups, Stefan Krause. Heute ist das Unternehmen Teil von *Odin Automotive* und heißt *B-ON*.[109] Die *StreetScooter*-Geschichte deutet damit ein grundsätzliches Problem solcher Start-up-Zukäufe an: Wie integriert man die neue Firma erfolgreich ins Mutterunternehmen? Wie viel Selbstständigkeit bleibt erhalten? Wie lässt sich verhindern, dass die Innovativität des Start-ups durch das Überstülpen der Regeln und Entscheidungsroutinen des größeren Unternehmens erstickt wird und dass engagierte Mitarbeiter den »Innovationsbringer« verlassen? Die Beratungsgesellschaft *EY* (Ernst & Young) zog Ende 2022 ein ernüchterndes Fazit: »Nur 8 bis 13 Prozent der Start-up-Akquisitionen [erfüllen] die ursprünglichen Erwartungen an den Deal.«[110]

Innovationen intern fördern statt Outsourcing: sieben Vorschläge

Kreativität und Innovation auszulagern in *externe* Unternehmenseinheiten, ob selbst gegründet oder zugekauft, ist kein Patentrezept, um zuverlässig neue Ideen zu gewinnen und in die Umsetzung zu bekommen. Und wenn du nicht gerade solventer Investor oder Manager eines finanziell gut aufgestellten Unternehmens bist, wirst du diesen Weg vermutlich ohnehin nicht in Erwägung ziehen. Bleibt die Frage, welche Möglichkeiten einem Unternehmen offenstehen, *intern* den Austausch und die Verwirklichung von Ideen zu fördern – kurz: eine Kreativitätskultur zu etablieren. Auch hier gibt es meiner Erfahrung nach keine Patentlösung, kein One-fits-all-Rezept, wohl aber verschiedene Zutaten. Hier sieben Vorschläge. Sie alle lassen sich unter einem verbindenden Appell zusammenfassen: »Mehr Freiräume!«

Vorschlag 1: Zeitliche Spielräume

In vielen Unternehmen werden Mitarbeiter vom Alltagsgeschäft aufgefressen. Ein Meeting jagt das andere, alle haben zu viel auf dem Tisch und stehen permanent unter Stress. Ein wichtiger erster Schritt wäre es daher, den Alltag zu entrümpeln, Prozesse zu optimieren, Doppelarbeit zu verhindern, bestimmte Routineaufgaben an Aushilfen zu delegieren. Häufig lohnt auch der Blick darauf, welche Projekte sich finanziell wirklich lohnen. Welche Aufgaben/Kunden kosten viel Zeit, bringen unterm Strich aber kaum etwas ein? Auch bei Umsatz und Gewinn gilt häufig die bekannte 80/20-Regel: 80 Prozent des Ertrags gehen auf 20 Prozent der Aufträge zurück – und 20 Prozent der Kunden verursachen umgekehrt 80 Prozent des unvorhergesehenen und häufig unbezahlten Mehraufwandes. Natürlich geht es hier nicht um exakte Prozentzahlen, sondern um die grundsätzliche Einsicht, dass Aufwand und Ertrag nicht proportional zueinander sind. Eine nüchterne Kosten-Nutzen-Rechnung könnte gerade kleinen und mittleren Unternehmen mehr Luft verschaffen.

Vorschlag 2: Handlungsspielräume

»Darf« man im Unternehmen überhaupt ungeplant kreativ sein? Darf beispielsweise jemand, der eine Idee hat, sich in Eigenregie mit zwei, drei Kollegen verabreden und gemeinsam einen Vormittag daran arbeiten? Oder muss er vorher den Chef fragen und sich das umständlich genehmigen lassen? Gilt Zeit, die in solche eigenverantwortlichen Aktivitäten fließt, als Geldverschwendung oder als sinnvolle Investition? Wenn man akzeptiert, dass Kreativität sich nicht auf Knopfdruck in Monate vorher terminierten Meetings einstellt und immer ein Experiment mit ungewissem Ausgang ist, braucht es flexible Möglichkeiten der Zusammenarbeit.

Vorschlag 3: Finanzielle Spielräume

Der Unternehmer Philip Rosenthal soll gesagt haben: »Wer zu spät an die Kosten denkt, ruiniert sein Unternehmen. Wer immer zu früh an die Kosten denkt, tötet die Kreativität.« Es gibt ein untrügliches Zeichen dafür, ob eine Sache im Unternehmen wirklich ernst genommen wird: Stellt man Geld dafür bereit? In unserem Fall heißt das: Gibt es ein Budget für Ausgaben im Zusammenhang mit der Verfolgung neuer Ideen, beispielsweise für Material, Reisekosten oder eben auch in Form von investierter Arbeitszeit, siehe letzter Punkt?

Vorschlag 4: Spielräume für abteilungsübergreifende Zusammenarbeit

Ist es möglich, dass ein findiger Mitarbeiter aus der Marketingabteilung mit einem Mitarbeiter aus der Werkstatt/Produktion darüber berät, ob seine Idee technisch umsetzbar ist? Oder dass ein Techniker die Meinung eines Produktmanagers zur Vermarktung seiner Idee einholt? Oder herrscht Silodenken, und jeder achtet peinlich genau darauf, seinen Zuständigkeitsbereich nicht zu verlassen? Abteilungsübergreifender Austausch ist eine Frage der Unternehmenskultur, die durch das beobachtete Verhalten der Führungskräfte ebenso beeinflusst wird wie durch offizielle Regeln.

Vorschlag 5: Spielräume in der Erfolgsmessung/ Zielerreichung

Wenn Gehaltserhöhungen und Karrierefortschritte sich ausschließlich an der Erreichung von Zielvorgaben aus Jahresgesprächen orientieren, zahlt sich die Entwicklung innovativer Ideen im doppelten Wortsinn – ideell wie finanziell – nicht aus. Wird auch der kreative Beitrag von Mitarbeitern in diesem Zusammenhang gewürdigt? Gibt es darüber hinaus Spielraum zu scheitern, das heißt, zählt auch die Initiative, wenn sich eine Idee als Sackgasse erweisen sollte – oder wird das bei der nächsten Gehaltsrunde abgestraft?

Vorschlag 6: Spielräume, sich informell auszutauschen

Die besten Ideen entstehen mitunter in der Teeküche oder beim informellen Austausch mit Kollegen in der Kantine, auf der Terrasse, beim Gang um den Block. Man muss keine bunte Google-Designermöbel-Spielwiese errichten. Aber es sollte Räume im Unternehmen geben, die zur abteilungs- und hierarchieübergreifenden informellen Begegnung einladen.

Vorschlag 7: Spielräume für Kooperationen mit externen Organisationen

Die Tendenz zur Erstarrung in Routinen und Denkgewohnheiten gibt es in jeder Organisation, einfach, weil die allermeisten Menschen Routine lieben. Selbst kreative Methoden können durch stetige Wiederholung ihre Wirkung einbüßen. Routine entlastet, sie macht das Leben leichter. Hinzu kommt: Auf Effizienz zielende Systeme erfordern naturgemäß geregelte, sich wiederholende Abläufe. Über kurz oder lang entwickelt jedes Unternehmen auf diese Weise Betriebsblindheiten – zeitgemäßer ausgedrückt: Man arbeitet und denkt in seiner eigenen Bubble, mit fest verwurzelten Sicht- und Handlungsweisen. Eine Möglichkeit, dort auszubrechen, ist der Austausch mit Externen, also mit anderen Unternehmen, Forschungsinstituten, NGOs, Vordenkern oder auch in Form meiner Kreativsprechstunde als Ideen-Turbo. Die Möglichkeiten sind vielfältig: Was kann der Empfang im Krankenhaus von der Hotellerie lernen? Wie stellen junge Wissenschaftler sich das Forschungslabor der Zukunft vor? Welche Ideen haben KiTa-Erzieherinnen für pädagogisch sinnvolles Spielzeug? Eine andere Möglichkeit: der Austausch von Mitarbeitern mit Partnerunternehmen über Landesgrenzen hinweg, um zu sehen, wie dort gedacht und gearbeitet wird.

Innovation ist Vertrauenssache.

Spielräume sind immer ein Ausdruck des Vertrauens – des Vertrauens in Mitarbeiter wie des Vertrauens in die Kraft der Kreativität und den Wert der Innovation. Nur in einer angstfreien Atmosphäre, die Mitarbeitern Eigenverantwortung zugesteht und Hierarchien nicht überbetont, lassen sich Innovationen in den Unternehmensalltag integrieren. Die US-Wissenschaftler Alan G.

Robinson und Sam Stern haben den Aufbau einer Innovationskultur einmal provokant mit dem Betrieb eines Spielcasinos verglichen: »Obwohl Casinos nicht wissen, wie jeder einzelne Spieler an jedem einzelnen Tag abschneidet, wissen sie doch, dass sie, wenn genügend Kunden kommen und lange genug spielen, am Ende einen sehr vorhersehbaren und stabilen Profit erzielen werden.«[111]

Den eigenen Weg zur Realisierung finden

»Eine Idee muss Wirklichkeit werden können, sonst ist sie eine eitle Seifenblase« – so lautet ein Bonmot, das wohl von dem Schriftsteller Berthold Auerbach stammt. Um zu verhindern, dass Ideen versanden, braucht es neben solchen Freiräumen dann zusätzlich auch klar definierte Abläufe dafür, was passiert, wenn Ideen die erste Hürde genommen haben und in der Diskussion mit Kollegen und/oder Führungskräften für aussichtsreich befunden werden. Ist es möglich, in diesen Fällen eine befristete Freistellung von anderen Aufgaben zu bekommen, um die Umsetzung der Idee zu seinem Projekt zu machen? Was sind die Voraussetzungen dafür? Wie detailliert muss die Planung sein? Gibt es dafür eine Checkliste? Kann man ein Team zusammenstellen, das bei der Entwicklung eines Prototypen unterstützt? Gibt es ein Budget für Kundentests? In welcher Runde wird über solche Fragen entschieden, und wie wird der Zeitrahmen dafür definiert? Hier muss jedes Unternehmen eigene Wege finden, die zu seinem Business passen, und dabei mutig genug bleiben, von seinen Routinen abzuweichen, wenn es der Einzelfall erfordert. Langsamkeit kann sich heute niemand mehr leisten.

Lohnt sich der Aufwand für Ideen und ihre Umsetzung?

Wer möchte, dass im eigenen Unternehmen kreative Ideen entstehen und auch umgesetzt werden, stellt sich eine anspruchsvolle Aufgabe, die Mut, Flexibilität und Selbstvertrauen erfordert. Lohnt sich diese Anstrengung? Interessanterweise haben sich mit dieser Frage gleich zwei empirische Studien beschäftigt. Unter dem Titel »Erfolgsfaktor Kreativität« veröffentlichte die Kommunikationsagentur *Hirschen Group* in Zusammenarbeit mit dem Marktforschungsunternehmen *Bonsai* und den *Wirtschaftsjunioren*

Deutschland 2022 die Ergebnisse einer Umfrage unter 500 Unternehmern, ergänzt durch 200 Interviews mit Nachwuchsunternehmern (Wirtschaftsjunioren) und 20 Tiefeninterviews mit Geschäftsführern und CEOs. Ausgehend von einem »Kreativitätsindex«, der kreativitätsfördernde Maßnahmen in unterschiedlichen Unternehmensbereichen vom Personal über die Organisationsentwicklung bis zum Kommunikationsmanagement gewichtete, unterschied man kreative »High Performer«, Durchschnittsunternehmen und »Low Performer«.

»Kreativität macht wirtschaftlich erfolgreicher.«

Das Fazit: »Ein überdurchschnittliches Maß an Kreativität macht viele Unternehmen tatsächlich wirtschaftlich erfolgreicher.«[112] Die »High Performer« setzten dabei vor allem auf flexible Arbeitsorganisation, Selbstverantwortung der Mitarbeiter, deren Einbindung in die Entwicklung neuer Angebote, individuelle Personalentwicklung und Kooperationen mit anderen Unternehmen und Hochschulen. Sie förderten also eher den Einzelnen, als auf übergreifendes Innovationsmanagement zu setzen, gewährten mehr Freiheiten und stellten digitale Instrumente für die Zusammenarbeit in teamübergreifenden Projekten zur Verfügung. Im Kern entspricht dies der schon zitierten Maxime des 3M-Chefs William McKnight: Gute Mitarbeiter anstellen und sie machen lassen!

Es gibt eine Kreativitätsdividende!

Der Frage »Wie sich Kreativität auf die Geschäftsergebnisse auswirkt« ging 2014 eine Studie von *Forrester Research*, einem internationalen Beratungsunternehmen, im Auftrag von *Adobe* nach. Ergebnis der Befragung von 334 Führungskräften weltweit: Unternehmen, die eigener Einschätzung nach Kreativität fördern, sind anderen bei Umsatzwachstum, Marktanteil und Gewinnung talentierter Mitarbeiter überlegen. Sie sind dreimal so häufig in der Gruppe mit einem jährlichen Umsatzwachstum von zuletzt mehr als zehn Prozent vertreten, bezeichnen sich anderthalbmal so häufig als Marktführer und sind rund zweieinhalbmal so häufig national oder international als attraktive Arbeitgeber ausgezeichnet worden. Die Förderung von Kreativität schlägt sich dabei in der Formulierung konkreter Projektziele, in der stärkeren Zusammenarbeit mit Kunden, in definierten Geschäftsprozessen für die Beurteilung neuer Ideen und in der Bereitstellung von Budgets für kreative Initiativen nieder. In all diesen Bereichen sind kreative Unternehmen mehr als doppelt so häufig aktiv wie Organisationen, die sich als weniger kreativ betrachten. Wenn es um die Bereitstellung von finanziellen Mitteln für innovative Projekte geht, ist der Anteil der kreativen »High Performer« sogar dreieinhalbmal so groß wie bei den weniger kreativen Unternehmen (77 gegenüber 22 Prozent). Die Studienautoren sprechen vor diesem Hintergrund von einer »Kreativitätsdividende«.[113] Mit anderen Worten: Kreativität zahlt sich aus, wenn sie von konkreten Maßnahmen zur Umsetzung flankiert wird.

Bestandsaufnahme: Das eigene Unternehmen

Was heißt das alles jetzt für dich beziehungsweise dein Unternehmen? Ich möchte dieses Kapitel mit einem Fragenkatalog beenden, der dir hilft, Schwachstellen zu lokalisieren und gemeinsam im Team Veränderungen anzustoßen.

Haben Kreativität und Innovation in deinem Unternehmen eine Chance?
40 Fragen zur Selbsteinschätzung

	Ja	Nein
1. In unserem Unternehmen werden neue Ideen wertgeschätzt.	☐	☐
2. Die Mitarbeiter kennen die Ziele unseres Unternehmens und fühlen sich seiner Mission verpflichtet.	☐	☐
3. Das Topmanagement lebt glaubhaft vor, dass Kreativität und Innovation in unserem Unternehmen einen hohen Stellenwert haben.	☐	☐

4. Im Unternehmen herrscht ein offenes und freundliches Unternehmensklima, in dem wir auch abseits offizieller Meetings Ideen austauschen. ☐ ☐
5. Es gibt im Unternehmen Orte, die zum informellen Austausch unter Kollegen einladen. ☐ ☐
6. Wichtige Unternehmensinformationen werden transparent gehandhabt – es gibt kein »Geheimwissen« und kein Silodenken. ☐ ☐
7. Bei uns dürfen Mitarbeiter sich zu Inhalten und Methoden weiterbilden, um die Entwicklung neuer Ideen zu begünstigen. Das Unternehmen unterstützt solche Initiativen. ☐ ☐
8. Wir wollen erfolgreich sein, aber der Erfolgsdruck ist nicht so groß, dass er uns lähmt und kreative Ideen im Keim erstickt. ☐ ☐
9. Bei uns herrscht ein Klima der Wertschätzung, nicht eines der Angst. ☐ ☐
10. Wir testen regelmäßig Innovationen und bringen neue Angebote für unsere Kunden auf den Weg. ☐ ☐
11. Wir gehen kontrolliert Risiken ein. ☐ ☐
12. Wir entwickeln uns stetig weiter. Wir handeln nicht erst, wenn eine Krise droht. ☐ ☐
13. Wir haben ein hauseigenes Ideen-Labor, in dem konzentriert an neuen Produkten gearbeitet wird. ☐ ☐
14. Ich habe keine Scheu, meine Ideen zu äußern, auch wenn sie ungewöhnlich sind. ☐ ☐
15. Ideen sind unabhängig von der Hierarchiestufe des Urhebers in unserem Unternehmen willkommen. ☐ ☐
16. Ich darf bei der Umsetzung einer Idee scheitern, ohne Spott, Häme oder finanzielle Nachteile befürchten zu müssen. ☐ ☐

17. Die Arbeitsbelastung bei uns lässt es zumindest phasenweise zu, kreativ zu sein und Innovationen auszuloten. ☐ ☐

18. Ich kann mich jederzeit mit Kollegen in meiner Abteilung über kreative Ideen austauschen und dafür beispielsweise ein Meeting/einen Workshop ansetzen. ☐ ☐

19. Ich kann mich jederzeit mit Kollegen abteilungsübergreifend über kreative Ideen austauschen und dafür beispielsweise ein Meeting/einen Workshop ansetzen. ☐ ☐

20. Die Liste der Innovationsprojekte, die wir wieder eingestellt haben, ist ähnlich lang wie die Liste der erfolgreichen Innovationen. ☐ ☐

21. Wir betrachten eingestellte Projekte nicht als Misserfolge. So lernen wir, was nicht geht. Darüber hinaus zeigen sie häufig, was wir ändern müssen. Die Erkenntnisse fließen dann in Folgeprojekte ein. ☐ ☐

22. Wir kooperieren immer wieder mit externen Organisationen (anderen Unternehmen, Universitäten, Start-ups und Ähnliches), um neue Ideen zu entwickeln. ☐ ☐

23. Für die Weiterverfolgung vielversprechender Ideen gibt es finanzielle Ressourcen (etwa für die Beschaffung von Informationen, für Material, für die Einladung von externen Experten, für die Durchführung von Kundenbefragungen, für das Erstellen von Prototypen, für Reisekosten). ☐ ☐

24. Bei Gehaltsverhandlungen gibt es einen »Kreativitätsbonus«. Es zählt nicht allein die Erreichung zuvor fixierter Ziele, die das operative Geschäft betreffen, es zählen auch kreative Initiativen. ☐ ☐

25. Unsere Arbeitsorganisation macht es möglich, dass ich mich auch mal konzentriert einige Stunden am Stück mit einer Idee beschäftige. ☐ ☐

26. Wir sind offen für Impulse von außen, um Betriebsblindheit und Scheuklappen zu vermeiden. ☐ ☐

27. Führungskräfte setzen Vertrauen in die Arbeit und die Eigenverantwortung der Mitarbeiter.

28. Führungskräfte geben Impulse und skizzieren allgemeine Ziele, ohne einengende Vorgaben zu machen (kein Mikromanagement).

29. Auch Führungskräfte geben bei uns Fehler zu.

30. Führungskräfte haben kein Problem damit, Menschen einzustellen, die in bestimmten Bereichen mehr wissen und können als sie selbst.

31. »Querdenker« oder Mitarbeiter, die viele Ideen haben und den Status quo auch mal infrage stellen, werden bei uns geschätzt und dauerhaft ans Unternehmen gebunden.

32. Ich kann meine Arbeitsinhalte selbstverantwortlich mitgestalten und arbeite nicht nur Aufgabenlisten ab.

33. Wir beobachten aufmerksam, was sich in unserem Geschäftsfeld tut und ob anderswo neue Produkte und Angebote erscheinen.

34. Wir diskutieren regelmäßig mit Kunden über unsere Angebote und wie sie sich verbessern lassen.

35. Wir verlassen uns nicht einseitig auf Ergebnisse der Marktforschung, sondern vertrauen auch auf die Intuition erfahrener Entwickler, Produktmanager und Marketers.

36. Wir haben einen definierten Prozess, in dem vielversprechende Ideen ausgearbeitet und dann in der Praxis getestet werden.

37. Wir können sehr schnell entscheiden, wenn wir eine Idee für vielversprechend halten, und dabei auch gewohnte Abläufe abkürzen, wenn erforderlich.

38. Wir testen mutig neue Ideen und Angebote, auch solche, die durchaus kontrovers diskutiert werden.

39. Wir unterstützen die Verwirklichung von Ideen, auch wenn sie nicht von uns selbst stammen (wir leiden also nicht unter dem »Not invented here«-Syndrom). ☐ ☐

40. Wir handeln nach dem Motto »Disagree and commit« (wenn also eine Entscheidung einmal getroffen wurde, tragen wir sie engagiert mit, auch wenn wir selbst anderer Meinung waren). ☐ ☐

Abschließend noch eine allgemeine Frage: Wie innovativ ist dein Unternehmen insgesamt deiner Einschätzung nach?

1 ☐ 2 ☐ 3 ☐ 4 ☐ 5 ☐ 6 ☐

Sehr wenig innovativ — Extrem innovativ

Unternehmenskultur und Verbesserungsmöglichkeiten

Du hast fast alle Kreuze links, bei »Ja«, gemacht? Dann arbeitest du offensichtlich in einem Innovationsparadies! Doch ernsthaft: Der Fragenkatalog skizziert ein Maximum an Kreativitätsfreundlichkeit und Innovationswillen, das in der Praxis vermutlich kein Unternehmen der Welt erreicht. Der Katalog ist nicht dafür gedacht, Kreativitätspunkte zu sammeln. Er bietet die Möglichkeit, sich intensiv mit der eigenen Unternehmenskultur zu beschäftigen und eine Diskussion über Verbesserungsmöglichkeiten anzustoßen. Ich schlage dir vor, die Zeilen zu markieren, bei denen du »Nein« angekreuzt hast und die du besonders wichtig findest. Wenn du den Bogen ausdruckst und Kollegen ihn ebenfalls ausfüllen, bekommt ihr mit dem Abgleich eurer Einschätzungen eine mögliche Gesprächsgrundlage: Was soll/muss sich vorrangig ändern, um eurem Unternehmen einen Innovationsschub zu geben? Interessant ist auch, ob sich die abschließende Gesamteinschätzung bei euch deckt oder ob es hier gravierende Unterschiede gibt.

3 Hacks für mehr kreativen Freiraum

 # Hack 1: Eine Lobby für Kreativität – der CCO

- Die größte Chance hat Kreativität im Unternehmen, wenn sie von oben, Top-down, vorgelebt wird. Das kann auch durch einen kreativen Geist auf Vorstandsebene passieren: den »CCO« oder Chief Creative Officer. Ich sehe einen CCO als würdigen Business-Nachfahren des Hofnarren im Mittelalter und in der frühen Neuzeit. Der Hofnarr durfte Dinge aussprechen, die sonst niemand am Hofe zu sagen wagte. Er durfte kritisieren, den Mächtigen den Spiegel vorhalten, produktive Unruhe stiften – kurz: Seine Aufgabe war es, den Status quo infrage zu stellen. Das macht seine Rolle zum potenziellen Kreativitätsmotor und kann in Unternehmen die Tendenz zur Erstarrung im Gewohnten bekämpfen. »Was wir brauchen, sind ein paar verrückte Leute; seht euch an, wohin uns die Normalen gebracht haben« – so soll es der Dramatiker und Nobelpreisträger George Bernard Shaw ausgedrückt haben. Ein solcher Beauftragter für Kreativität wird niemals von allen geliebt werden, weil er der natürliche Feind der Bequemlichkeit ist. Gleichzeitig kann er aber auch zum Sprachrohr kreativer Initiativen werden, die sonst aus Angst vor persönlichen Nachteilen im Keim erstickt würden. Seine Anbindung an die Topebene schützt den CCO vor Sanktionen. Einer meiner Kunden, der Inhaber eines internationalen Unternehmens, hatte tatsächlich einen solchen »Creative Adviser«, der ihm half, das Unternehmen in Bewegung zu halten. Als er das Geschäft an seinen Sohn übergab, fand leider auch diese Beraterposition ihr Ende. Mutiger war da der CEO von British Airways. Die Fluglinie ernannte in den Neunzigerjahren einen langjährigen Mitarbeiter zum offiziellen »Corporate Jester« (Unternehmensnarren). Seine Aufgabe war es, Missstände aufzuzeigen und kreative Initiativen anzustoßen.[114]

 # Hack 2: Schöner scheitern – Fuck-up Events

- In 62 Ländern und in über 200 Städten weltweit gibt es inzwischen sogenannte Fuck-up Nights, bei denen vorwiegend Gründer von ihren Misserfolgen erzählen.[115] In der Regel umfasst so ein Abend drei bis vier Kurzvorträge, in denen es gelassen-humorvoll um das eigene Scheitern, um die Gründe dafür, um eigene Fehleinschätzungen und die daraus gezogenen Lehren geht. Fuck-up Nights sind gelebte positive Fehlerkultur. Statt nur Lippenbekenntnisse zum konstruktiven Umgang mit dem Scheitern abzugeben, wird genau das hier vorgelebt. Wenn man es wirklich ernst meint mit einem positiven Umgang mit Fehlern, bieten sich auch im Unternehmen solche Fuck-up Events an. Lässt die herrschende Kultur es zu und gehen einige Führungskräfte dabei voran, könnten auf diese Weise Erfahrungen des Scheiterns geteilt, Erkenntnisse daraus gewonnen und mutig neue Projekte angestoßen werden – ohne die lähmende Angst vor Fehlern.

 # Hack 3: Was würdest du in Angriff nehmen, wenn du keine Angst hättest?

»Was würdest du tun, wenn du keine Angst hättest?«, so lautet eine klassische Coachingfrage. Sie lässt sich gut auf kreative Ideen und deren Umsetzung übertragen. Die Frage ermutigt dazu, typische »Eigentlich sollte man …«- und vage »Man müsste mal«-Überlegungen zu konkretisieren. Sie funktioniert auf jedem Unternehmenslevel und bei jedem Thema. Gefolgt von den Fragen »Was hindert dich?« und »Wie könntest du dieses Hindernis überwinden?« bietet sie einen möglichen Startpunkt für kreative Veränderungen. Bei befürchteten Hindernissen lohnen sich übrigens weitere Fragen: »Woher kannst du das wissen?«, »Welche Belege gibt es dafür?« und »Wie kannst du herausbekommen, ob das wirklich stimmt?«. Nicht selten handelt es sich bei vermeintlichen Hürden um unhinterfragte Glaubenssätze, die auf diese Weise auf den Prüfstand kommen.

8 Strategie: Als Kreativ-Dienstleister überzeugen und Kunden langfristig binden

Drei Jahre hält die Beziehung von Agentur und Kunde heute im Schnitt. Vor 20 Jahren blieb man sich fast dreimal so lange treu, ganze acht Jahre lang.[116] Wer sich im Business auskennt, weiß, was das für Agenturen bedeutet: mehr Akquise, mehr Pitches, mehr anstrengende Beschnupperungsphasen, weniger Kontinuität und weniger wirtschaftliche Kalkulierbarkeit. In den vergangenen zwei Jahrzehnten hat sich die Zusammenarbeit von Agenturen und ihren Kunden dramatisch verändert. Die Etats verteilen sich auf mehr Werbekanäle und Medien; die traditionellen Zielgruppen zersplittern immer weiter und sollen doch jeweils passgenau erreicht werden; immer mehr Aufgaben (etwa Online- oder Social-Media-Marketing) werden spezialisierten Agenturen übertragen, wobei trotz verschiedener Dienstleister der einheitliche Markenauftritt gewahrt bleiben muss.

Vor allem ist das Business durch die Digitalisierung erheblich schneller geworden. Seit Entwürfe nicht mehr mit Pappe und Pattex umgesetzt werden, sondern am Bildschirm entstehen, sich dort mit ein paar Klicks verändern lassen und sekundenschnell hin und her gemailt sind, ist die Erwartung vieler Kunden gewachsen, Ideenfindung und Design seien ähnlich schnell zu machen. Doch kreative Ideen haben heute wie vor 100 Jahren eine Inkubationszeit. Der Computer mag immer schneller werden, doch der Mensch davor bleibt gleich. Und daran wird auch der Einsatz kreativer KI nicht grundsätzlich etwas ändern. »Mal eben schnell« ist der Fußboden gewischt, aber nicht ein geniales neues Konzept entwickelt.

Der Einfluss der Digitalisierung

»*Kreativität heißt, etwas zu schaffen, was noch nicht vorher da war, eine Idee umzusetzen. Zauberei ist eine höchst kreative Angelegenheit, und mich ärgert immer, wenn Zuschauer hinter ein Kunststück kommen und dann sagen, ›Ach, so einfach ist das!‹ Das ist für mich ein ganz schlimmer Satz, weil nichts einfach ist. Wenn man weiß, wie es funktioniert, ist alles einfach.*«

WITTUS WITT, ZAUBERKÜNSTLER, GALERIST UND MUSEUMSDIREKTOR

Wie jeder andere Dienstleister auch, haben Agenturen ein natürliches Interesse daran, lange und gut mit Kunden zusammenzuarbeiten. Ausnahmen bestätigen wie überall die Regel, doch Kollegen, die danach fiebern, permanent neue Kunden jagen, sind eher selten (siehe in diesem Kapitel den Abschnitt »Kunden nicht jagen, sondern ›farmen‹«). Es lohnt sich daher, Überlegungen anzustellen, wie die Beziehung zwischen Kunde und Agentur am besten gelingen kann.

Zwei Welten? – Kunde und Agentur

Am meisten lernt man ja angeblich aus seinen Fehlern. Zumindest auf mein folgendes Erlebnis trifft das zu. Die Situation: Bei einem langjährigen Kunden ist ein neuer Marketingleiter eingestellt worden. Der beauftragt ein renommiertes Marktforschungsunternehmen mit einer Kundenbefragung zum Markenauftritt, die eine Fülle imposanter Ergebnisse zutage fördert. Diese Erkenntnisse sollen nun umgesetzt werden. Tenor: Es muss »alles anders werden«, mehr noch: »Wir brauchen eine Revolution!« So das Briefing. Außer uns werden noch drei weitere Agenturen mit der Umsetzung dieser Maßgabe beauftragt. Am großen Tag finden alle vier Pitches nacheinander statt. Jede Agentur hat anderthalb bis zwei Stunden Zeit zur Präsentation ihrer Ideen. Meine drei Mitbewerber werden in der Luft zerrissen. Als ich nach diesem Präsentationsmarathon als Letzte den sauerstoffarmen Raum betrete, sind alle Teilnehmer bereits sichtlich erschöpft, und ich werde vom Marketingleiter mit einem grimmigen »Frau Schaper, Sie müssen das hier jetzt reißen!« begrüßt. Doch trotz meiner Vorschusslorbeeren in diesem Unternehmen ergeht es mir nicht besser als den anderen Agenturvertretern. Das abschließende Urteil des neuen Leiters gipfelt in einem vorwurfsvollen Bekenntnis: »Ich bin sehr, sehr enttäuscht!«

Wie konnte das passieren? Wir alle hatten denselben Fehler gemacht und das Briefing wörtlich genommen. Der Marketingleiter bestellte eine »Revolution«, und er hatte sie bekommen, von allen, in unterschiedlicher Ausprägung. Jetzt machte er uns Agenturen genau das zum Vorwurf: Wie konnten wir nur auf derart abstruse Ideen kommen?! Und der Kunde hat bekanntlich immer recht, auch wenn er nicht recht hat. Was ich damals gelernt habe, ist, jedes Briefing genau zu hinterfragen: Was bedeutet es konkret, wenn es heißt: »Geben Sie Gas!«, »Überraschen Sie uns!« oder »Wir wollen etwas radikal Neues!«?

Verschiedene Welten – verschiedene Sprachen

In der Zusammenarbeit von Kunde und Agentur prallen in der Regel zwei Welten aufeinander. Auf der einen Seite steht die Unternehmenswelt des Kunden mit eingespielten Routinen und Gewohnheiten, komplexen Abstimmungsprozessen und offenen wie verborgenen Machtverhältnissen. Auf der anderen Seite befindet sich die Agenturwelt mit ihrer Begeisterung für Kreativität und ihrem Faible für Neues, Ungewohntes, Fantasievolles. Ist es ein Wunder, dass »Revolution« und »Gas geben« in beiden Welten etwas Unterschiedliches bedeuten? Was für das Unternehmen revolutionär sein mag, wird in der Kreativwelt möglicherweise eher als sanfte Modernisierung oder vorsichtiger Relaunch wahrgenommen. Ausnahmen bestätigen natürlich auch hier die Regel. Überhaupt liegt ein Missverständnis darin, dass eine kreative Lösung immer etwas radikal Neues bedeuten muss. Dieses Missverständnis herrscht eher in Agenturen als Unternehmen. Das Bestehende zu bewahren und ihm gleichzeitig einen modernen Twist zu geben, auch das erfordert Kreativität.

Die Relativität von Revolutionen

Als Beiersdorf vor einigen Jahren seinen heterogenen Markenauftritt dadurch vereinheitlichte, dass die blaue Nivea-Dose nun als kreisrundes Logo unübersehbar auf allen Nivea-Produkten prangte, stieg der Umsatz spürbar. Das war vermutlich wenig »revolutionär« im traditionellen Wortsinn, aber sehr wirksam. Und für den Fall, dass Sie die »Dosen-Lösung« eigentlich naheliegend finden: Hinterher ist alles einfach, aber draufkommen muss man erst einmal. Ein anderes Beispiel, diesmal ein wirklich revolutionäres: Bahlsen. Ob sich der Kekshersteller mit seinem radikal neuen Markenauftritt 2021 tatsächlich einen Gefallen getan hat, wird die Zeit zeigen. Plötzlich nahm der »Bahlsen«-Schriftzug in kräftigem Blau die gesamte Packung ein, ein einziger kleiner Keks verwies auf den Inhalt. In der Kreativbranche wurde dieser Mut überwiegend bejubelt. In Supermärkten dagegen sollen Kunden vergeblich nach »ihrer« Kekssorte gesucht haben, weil das neue Design so wenig mit der gewohnten Gestaltung zu tun hatte: Ehemals blaue oder gelbe Packungen waren plötzlich mintgrün oder kamen in Grau oder Rot daher. Für den Absatz lassen ratlose Kunden nichts Gutes vermuten. Und am Ende entscheiden nicht Designpreise über den Erfolg einer Kampagne, sondern Kundenreaktionen.

Die zwei Herzen des Marketers

Als Agentur tut man gut daran, eine Weile in den Schuhen des Kunden zu laufen und sich in seine Lage zu versetzen. Den Marketers, die in den Unternehmen als Ansprechpartner fungieren, schlagen häufig zwei Herzen in der Brust: ein kreatives, das Freude am Neuen hat, und ein betriebswirtschaftliches, das sich an den Zahlen orientiert und auf Nummer sicher gehen will. Bei dem einen schlägt das Kreativherz kräftiger, beim anderen das Zahlenherz. Wenn du auf die Wahl der Worte und Argumente achtest, bekommst du bald mit, welches. Aber auch der vorsichtigste controllingorientierte Marketer wird dir kaum sagen, dass eigentlich alles beim Alten bleiben soll und dass aus Sicherheitsgründen nur kleine Veränderungen durchsetzbar sind. Sein Selbstbild lässt das in der Regel nicht zu. Deshalb empfiehlt es sich, das Briefing immer genau zu hinterfragen. Mehr dazu findest du im nächsten Abschnitt »Lieber vorher Klartext als später Ärger«.

Was die Zusammenarbeit weiter erschweren kann, ist eine unklare Gemengelage im Unternehmen, von der die Agentur nichts weiß und meistens auch gar nichts wissen kann. Man muss schon sehr lange mit einem Marketingleiter zusammenarbeiten, damit dieser offen zugibt: »Ich stehe intern gerade unter Beschuss, und das macht einen weiteren großen Auftrag an euch schwierig.« Oder: »Wir haben euch als Agentur im Kreis getrieben. Das tut mir leid.« In 30 Jahren Agenturarbeit kann ich solche Fälle an einer Hand abzählen. Im Zweifelsfall ist die Agentur schuld, wenn es Probleme gibt: »Ihr habt das Briefing nicht verstanden.« Als Kreativer wird dein Leben daher erheblich einfacher, wenn du dein Designer-Ego oder Künstler-Ego im Griff hast. Du bist (auch) Dienstleister, dessen Aufgabe es ist, deinen Kunden glücklich zu machen. Es wird immer Projekte geben, bei denen du »fliegen« darfst, und andere, bei denen deine Herausforderung darin besteht, mit kleinen Geistesblitzen und sanften Änderungen Wirkung zu erzielen.

Verständnis der Arbeitsweise des anderen?

Ein anderer Stolperstein in der Zusammenarbeit besteht darin, dass beiden Seiten häufig nicht klar ist, wie die jeweils andere arbeitet. Das Gros der »Werbeagenturen« in Deutschland beispielsweise bilden kleine und kleinste Unternehmen. Nur zehn Prozent von ihnen beschäftigen mehr als neun Mitarbeiter, fünf Prozent mehr als 20 Mitarbeiter. 69 Prozent der rund 33.000 Betriebe erzielen einen Jahresumsatz von maximal 250.000 Euro.[117] Nur wenige Agenturmitarbeiter haben selbst in großen Organisationen gearbeitet und kennen deren Abstimmungsroutinen, Hierarchien und manchmal bürokratische Kulturen aus eigener Anschauung. Das birgt Fallstricke, wenn man auf Agenturseite beispielsweise nicht versteht, wie viel Gewicht das Votum des jeweiligen Ansprechpartners hat. Ein begeisterter Juniormanager, der so tut, als habe er alles im Griff, nützt einem im Zweifelsfall wenig, wenn sein Chef das am Ende anders sieht. Auch die Dauer mancher Entscheidungsprozesse kann irritieren, ist aber nicht zu ändern, weil eben vorgegangen wird, wie in solchen Fällen im jeweiligen Unternehmen vorzugehen ist. Gefährlich für die Agentur wird es, wenn die eigentlichen Entscheider nicht die Auftraggeber sind, mit denen man in Kontakt steht. Vor allem bei Großprojekten solltest du daher in der Startphase möglichst alle Beteiligten an einen Tisch bekommen – gern auch den Vertrieb, denn ein Vertriebschef, der sagt: »Das können wir nicht verkaufen!«, kann ein ganzes Projekt kippen. Solche Aussagen von kundenerfahrenen Praktikern nimmst du am besten sehr ernst.

Black Box »Agentur« und was du dagegen tun kannst

Umgekehrt ist auch die Arbeitsweise von Kreativagenturen für viele Unternehmensvertreter eine Black Box. Warum dauert dies oder jenes so lange? Wieso ist das PDF noch nicht die finale Version und schon gar keine Druckvorlage? Weshalb haben manche Änderungswünsche Auswirkungen auf das Gesamtkonzept und sind nicht ratsam? Und vor allem: Warum hat man nicht »einfach schnell die Idee des Kunden umgesetzt!«? Die unverblümte Antwort wäre: weil Kunden sich manchmal etwas vorstellen, von dem ein erfahrener Gestalter oder Texter sofort weiß, dass es nicht funktionieren wird. Natürlich wäre es unklug, das offen zu sagen. Um mehr Verständnis für unsere Arbeitsweise zu erzeugen, haben wir daher vor einigen Jahren begonnen, sogenannte Agency Days zu veranstalten, bei denen Kunden für einen Tag ins Agenturgeschäft eintauchen können und auf unterhaltsame Weise unsere Arbeitsweise kennenlernen (vgl. # Hack 2 am Ende dieses Kapitels). Häufig entspannt dies die weitere Zusammenarbeit nachhaltig, denn eigentlich hat man ja dasselbe Ziel – gemeinsam erfolgreich zu sein.

»Schwieriges« Verhalten auf Kundenseite hängt zudem oft damit zusammen, dass das Gegenüber selbst unter Druck steht, permanent überlastet ist, einen wankelmütigen Chef hat oder eine Geschäftsführung, die ihre Meinung gern noch einmal ändert. Dieses Bewusstsein hilft dir, dich vor persönlichen Verletzungen zu schützen, wenn Reaktionen auf deine Arbeit nicht so ausfallen, wie du dir das wünschst.

»Ich habe lange Fußball gespielt. Wenn wir 0 zu 1 hinten lagen, sagte ich immer, ›Nicht lang quieken, Ausgleich machen!‹ Kein Schiri nimmt das Tor zurück. Wenn ich durch das Gegentor beleidigt wäre, würde nix mehr gehen. Dann steht die Lok und wenn die Lok nicht läuft, steht der ganze Zug.«

HENDRIK KOSSMANN, FOTOGRAF

Warum kostenlose Pitches problematisch sind

Wenn Kunden auf Agency Days erfahren, wie aufwendig der Weg zu einem Entwurf oder Konzept ist, das sie normalerweise nur in fertiger Form zu Gesicht bekommen, wächst häufig auch das Verständnis für Kosten und Budgets. Das gilt übrigens ebenfalls für die Vergütung von Pitches, in die Agenturen häufig deutlich fünfstellige Beträge an Arbeitszeit investieren. Aus meiner Sicht sollten Pitches daher niemals kostenlos erfolgen, sondern zumindest teilweise vergütet werden. Auch lohnt die Abwägung, wie hoch die eigenen Erfolgschancen sind und ob man das finanzielle Risiko eingehen kann und will. Eine weitere Lehre aus dem eingangs beschriebenen »Wir brauchen eine Revolution«-Waterloo war für mich, nie mehr in Pitches mit mehr als zwei Mitbewerbern zu gehen. Bei vier konkurrierenden Konzepten betragen die eigenen Erfolgschancen statistisch gesehen nur noch 25 Prozent. Selbst mittelgroße Agenturen können sich das nicht häufig leisten, ohne ihre wirtschaftliche Existenz zu gefährden.

Empfehlenswert ist auch, sich vertraglich zusichern zu lassen, dass das Unternehmen das Urheberrecht der Agentur an den Inhalten nicht unter Vertrag genommener Pitches respektiert, um so Ideenklau vorzubauen. Umgekehrt sollte der Kunde sich darauf verlassen können, dass er später tatsächlich durch das pitchende Team betreut wird und nicht etwa durch weniger erfahrene Mitarbeiter. Idealerweise gehen bei einem Auftrag Partner eine Kooperation ein, die bestimmte Werte teilen und fair zusammenarbeiten. Und das ist am ehesten gewährleistet, wenn man gleich am Anfang bestimmte Fragen bespricht. Um es mit Konfuzius zu sagen: »Wenn über das Grundsätzliche keine Einigkeit besteht, ist es sinnlos, miteinander Pläne zu machen.« Das galt schon vor 2500 Jahren, und es gilt noch heute.

Dem Ideenklau vorbeugen

Lieber vorher Klartext als später Ärger

Die meisten Schwierigkeiten in der Zusammenarbeit von Agentur und Kunden erwachsen also aus Kommunikationsproblemen. Was anfangs nicht ausreichend geklärt wird, sorgt hinterher für Unmut. Das beginnt schon damit, dass nicht jeder Agenturkunde weiß, was er will. Mein kürzestes Briefing bestand in einer Zwei-Wort-Notiz, einem hingekritzelten Produktnamen, gefolgt von der Aufforderung »Mach schon!«. Damit können eigentlich nur Designer etwas anfangen, die im Nebenberuf noch erfolgreich als Hellseher tätig sind. Manchmal haben verschiedene Instanzen im Unternehmen auch unterschiedliche Vorstellungen, und über die breite Interpretationsspanne von beliebten Begriffen wie »neu« oder »revolutionär« haben wir ja schon gesprochen. Es zahlt sich aus, gerade beim Projektstart hartnäckig zu bleiben und den Auftrag gründlich zu klären. Dabei gilt: »Wer nicht neugierig ist, erfährt nichts.« Das wusste und schrieb schon Johann Wolfgang von Goethe.

Offenheit schafft Vertrauen.

Entscheidend ist die Frage, was am Ende des Projekts für die Firma anders sein soll. Was ist das Ziel, das mit deinem Auftrag erreicht werden soll? Wann würde der Kunde sagen, eure Zusammenarbeit war ein Erfolg? Geht es beispielsweise primär um mehr Präsenz im Handel, um einen Imagewandel, einen moderneren Auftritt, neue Zielgruppen oder vor allem um eine Steigerung des Absatzes? Manchmal ist das Ziel dem Auftraggeber so selbstverständlich, dass er nicht allzu viele Worte darüber verliert. Wenn es die erste Zusammenarbeit ist, stellt sich überdies die Frage, warum der Kunde die Agentur gewechselt hat. Was hat ihn am vorigen Dienstleister gestört? Du wirst überrascht sein, wie unterschiedlich die Antworten darauf ausfallen.

Jeder Kunde ist anders und will anders abgeholt werden. Manchmal erwartet er Flexibilität, manchmal einzelne Impulse, manchmal tiefe strategische Arbeit oder auch kreative, herausfordernde Höhenflüge. Offenheit zahlt sich in diesem Punkt aus und schafft Vertrauen. Es nützt nichts, beispielsweise bei jedem Anliegen dem Kunden »Rückruf binnen zwei Stunden« zu versprechen, wenn das nicht leistbar ist – und wer kann das im oft hektischen Arbeitsalltag schon leisten? Der Kunde mag König sein, er sollte sich aber nicht zum Tyrannen aufschwingen können. Die Gestaltung der Kundenbeziehung ist dabei keine Einbahnstraße. Am längsten habe ich mit Kunden zusammengearbeitet, mit denen eine vertrauensvolle Zusammenarbeit auf Augenhöhe möglich war. Vertrauen ist der Superdünger, der jede Beziehung zum Blühen bringt.

Miteinander reden hilft, nicht aneinander vorbeizudenken.

Wenn es um kreative Leistungen geht, wird bei der Auftragsvergabe etwas bestellt, was in dieser Form noch nicht existiert und daher schwer greifbar ist. So kommt es unweigerlich zu mehr oder weniger blumigen Umschreibungen. Wenn du vermeiden willst, dass ihr, dein Kunde und du, aneinander vorbeidenkt, klopfst du am besten die Eckdaten des Gewünschten ab. Was soll bleiben und darf auf keinen Fall verändert werden? Welche Bestandteile der Marke sind unantastbar? Gibt es weitere Dos und Don'ts rund um das Projekt? Auch bevorzugte Kommunikationswege, Ansprechpartner, finale

Entscheider und zeitliche Rahmenbedingungen sollten geklärt werden. Ein Terminplan, der die einzelnen Steps des Projekts festhält, bewahrt vor Unstimmigkeiten. Was wird bis wann von euch erwartet, und wie schnell erfolgt dann eine Reaktion des Unternehmens darauf? Ein Briefing-Template oder eine Checkliste wie die folgende mit allen entscheidenden Fragen, die zum Einsatz kommt, wenn das Briefing des Kunden lückenhaft ist, erleichtert die Abstimmung und sorgt dafür, dass die Agentur gut informiert starten kann.

Checkliste: Wichtige Fragen an neue Kunden

- [ ] Was ist Ihnen wichtig in der Zusammenarbeit mit einer Agentur?
- [ ] Was hat Ihnen bei vorangegangenen Agenturbeziehungen gefehlt?
- [ ] Wie sehen Sie die bisherige Positionierung Ihrer Marke?
- [ ] Was ist das genaue Ziel unserer Zusammenarbeit? (Was müsste am Ende passieren, damit Sie sagen, unser Projekt ist ein Erfolg?)
- [ ] Gibt es Dos und Don'ts rund um das Projekt?
- [ ] Gibt es Assets der Marke, die wir nicht verändern dürfen?
- [ ] Wer ist der Hauptansprechpartner im Unternehmen für uns?
- [ ] Wer entscheidet final über Entwürfe und Umsetzung? (Der Entscheider sollte auch das Briefing gesehen und genehmigt haben.)
- [ ] Welchen Kommunikationskanal bevorzugen Sie (zum Beispiel Telefon, E-Mail, SMS)?
- [ ] In welchem Zeitrahmen soll das Projekt realisiert werden (wie schnell, bis wann)?
- [ ] Möchten Sie Zwischenergebnisse/vorläufige Entwürfe sehen?
- [ ] Würden Sie unser Briefing-Template ausfüllen?

Generell gilt: Vorsicht, wenn »alles anders werden« soll. Wenn der Kunde laut Briefing eine Revolution will und sich in Meilenstiefeln von seiner bisherigen Positionierung entfernt, lieber genau nachfragen. Sonst kann es sein, dass die Agentur zu weit springt und es eine schmerzhafte Landung gibt.

Das Geheimnis der Überzeugungskraft

Als Agenturchefin mit kleinem Team ist es mir durch Offenheit, Fairness und Augenhöhe regelmäßig gelungen, große Marken als Kunden zu gewinnen. Dabei hat sicher auch eine Rolle gespielt, dass ich diesen »Job« mit Herzblut und vollem Einsatz gemacht habe. Ich kann mich für Marken begeistern und hänge noch heute an Produkten, die wir einmal gestaltet haben. Das spürt auch der Kunde und bleibt einem länger treu (siehe dazu in diesem Kapitel auch »Kunden nicht jagen, sondern ›farmen‹«). Für die Akquise ist jedoch noch etwas anderes wichtig: Um einen Kunden von dir zu überzeugen, musst du selbst überzeugt sein, dass dieser Kunde bei dir bestens aufgehoben ist. Du musst dir vorstellen können, mit welchen Kunden du arbeiten möchtest. Denk nicht, es sei absurd, dass ein bestimmtes Unternehmen dich als kleine Agentur überhaupt in Betracht zieht – erlaube dir, groß zu denken. Wenn dein Wunsch groß genug ist, schafft das eine Begehrlichkeit in dir, die dich mutig macht und zum Erfolg pusht. Mut bedeutet nicht, keine Angst zu haben. Mut bedeutet, etwas trotz seiner Ängste beherzt anzugehen. Erhalte dir gespannte Vorfreude und geh mit Optimismus in jeden neuen Kundenkontakt.

Wie in vielen Bereichen macht auch beim Agenturerfolg dein Mindset einen wichtigen Unterschied. Zu meinem persönlichen Mantra ist eine Kernaussage aus dem Buch »Die 7 Botschaften unserer Seele« von Ella Kensington (dem Pseudonym des Lebensberaters Bodo Deletz)[118] geworden:

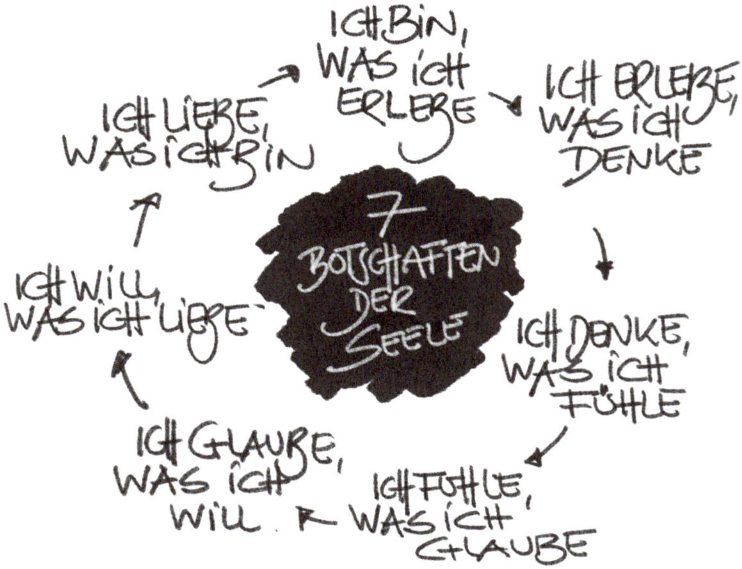

Die 7 Botschaften der Seele

Destruktive Kunden meiden

Wer mit Zuversicht und Freude an eine Sache herangeht, bekommt andere Ergebnisse als ein notorischer Pessimist. Wer weiß, was er wert ist, verhandelt erfolgreicher. Um den eigenen Selbstwert zu schützen und zu bewahren, solltest du dich außerdem rechtzeitig von destruktiven Kunden trennen. Damit meine ich Kunden, die dich respektlos behandeln, dich runterziehen, dir immer wieder alle Energie rauben, ohne dass du etwas dafür zurückbekommst. Das kommt nicht häufig vor, aber es kommt vor.

Ich kann mich beispielsweise an ein Unternehmen erinnern, in dem alle Budget-Verhandlungen zentral mit dem Einkauf erfolgten. Unser Verhandlungspartner kaufte Agenturleistungen offenbar nach demselben Muster ein, mit dem er Büroausstattung oder Kekse für die Meetingpause orderte – einschüchtern, unter Druck setzen, grenzwertige Sprüche, um branchenübliche Preise zu drücken: »Ich verstehe ja, warum Sie so teuer sind – Sie wollen ja auch gut leben und sich regelmäßig schicke Schuhe kaufen!« Ich habe die Zusammenarbeit beendet, bevor sie richtig begonnen hatte. Die Marketing-Chefin fiel aus allen Wolken, als ich ihr schilderte, was wir uns anhören mussten. In einem anderen Beispiel hatten wir den Pitch für ein Produkt gewonnen. Es ist in einem solchen Fall üblich, dass dem Pitch-Gewinner sein bisheriger Aufwand vergütet wird: Was hätte seine Arbeit gekostet, wenn bereits ein Vertrag bestanden hätte? Unsere Rechnung entsprach auch hier dem absolut Marktüblichen. Der Marketer im Unternehmen sah das offenbar anders, doch statt ein Gespräch mit mir und damit auf Augenhöhe zu suchen, überzog er meine Mitarbeiterinnen am Telefon mit wüsten Beschimpfungen und Unterstellungen. Der Telefonterror ging so weit, dass sie am Ende Angst hatten, den Hörer abzunehmen, wenn seine Nummer auf dem Display erschien. Als ich ihn daraufhin anrief, herrschte eitel Sonnenschein – was nichts daran änderte, dass ich auch dieses Projekt gestoppt habe. Eine Zusammenarbeit, die so beginnt, wird hinterher nicht besser, auch wenn man das gern glauben möchte. Fachliche Differenzen lassen sich ausräumen, persönliche Verhaltensweisen bleiben.

Kunden nicht jagen, sondern »farmen«

Mein erstes eigenes Unternehmen führte ich zusammen mit einem Partner, der es liebte, neue Kunden für uns aufzurei…, pardon: zu gewinnen. Er war förmlich vom Jagdfieber getrieben und nutzte erfolgreich alle Möglichkeiten, um uns und unsere Agentur ins Spiel zu bringen – Branchenveranstaltungen, Netzwerktreffen, Messen, persönliche Kontakte, Direktansprache. Das ist ein seltenes Talent, denn vielen Menschen, auch im Business, ist es eher unangenehm, offensiv auf Kunden zuzugehen. Für die Startphase eines Unternehmens und im Vorfeld sich abzeichnender Auftragsflauten ist energische Neukundenakquise von unschätzbarem Wert. Dennoch halte ich es als Unternehmerin lieber mit dem »Farmen« von Kunden, also mit dem Hegen und Pflegen derjenigen, mit denen ich bereits zusammenarbeite.

Im ruhigen Fahrwasser ist das für mich bis heute die bessere, weil inhaltlich befriedigendere, weniger stressige und zudem auch noch wirtschaftlich erfolgreichere Strategie. Das hat mehrere Gründe. Die Pflege bestehender Kunden …

Bestehende Kunden pflegen

- *… reduziert Kosten.*
  Neukunden kosten Geld, Bestandskunden bringen Geld, heißt es. Folgeaufträge sparen jede Menge Zeit für Werbemaßnahmen, gezielte Neukundenansprache, Erstgespräche, aufwendige Pitches, Angebote, Honorarverhandlungen und so weiter. Das Maß der Ersparnis ist nicht jedem bewusst: Schätzungen zufolge ist es siebenmal aufwendiger, einen neuen Kunden für sich zu gewinnen, als einen Bestandskunden zu halten.[119]
- *… mindert den Stress.*
  Bei Bestandskunden kommt es seltener zu Unstimmigkeiten. Du weißt, wie dein Kunde tickt; die Gefahr von Missverständnissen und Auseinandersetzungen ist dadurch geringer, und wenn sie doch entstehen, fällt ein offenes Wort leichter.
- *… verringert die wirtschaftliche Unsicherheit.*
  Jede langjährige Zusammenarbeit verringert das wirtschaftliche Risiko deines Unternehmens, nicht nur durch die fortlaufenden Einnahmen, sondern auch dadurch, dass du die Zahlungsmoral des Kunden kennst.
- *… erleichtert die kreative Arbeit.*
  Du kennst nicht nur den Kunden und seine Vorlieben, sondern auch die Produkte, die Marke, das Wettbewerbsumfeld, die Ziele des Unternehmens. Das macht es dir leichter, passende Ideen zu entwickeln.
- *… vereinfacht die Gewinnung neuer Kunden.*
  Zufriedene Kunden empfehlen das Unternehmen weiter, und bei jedem Kunden, der auf Empfehlung zu dir kommt, startest du mit Vorschusslorbeeren, die dir die Verhandlung über den neuen Auftrag erleichtern.

- *... erhöht die Chance auf weitere gute Kunden.*
  Gute Leute kennen meistens andere gute Leute. Ein fairer Kunde wird dich eher an Kunden empfehlen, mit denen eine ähnlich positive Zusammenarbeit möglich ist, und nicht an die schwarzen Schafe, die es in jeder Branche gibt. Außerdem besteht die Möglichkeit, dass dein Ansprechpartner dich beim Wechsel zu einem anderen Arbeitgeber »mitnimmt« und du so einen neuen Unternehmenskunden gewinnst. Daraus ergibt sich last but not least: Kundenpflege ...
- *... bringt mehr Wertschätzung in dein Leben.*
  Stabile Kundenbeziehungen gewinnen eine andere, persönlichere Qualität als kurze Einmal-Projekte. Schließlich signalisiert jeder neue Auftrag, dass man einander schätzt und sich aufeinander verlässt.

Kreativität ist immer persönlich.

Es spricht also sehr vieles dafür, sich gut um bestehende Kunden zu kümmern. Mein Rezept dafür lautet »Involvement« – sich mit ganzem Herzen und voller Überzeugung in die Zusammenarbeit stürzen, um das Beste für den Kunden zu erreichen. Dazu gehört das ehrliche Bemühen, den Kunden und sein Produkt zu verstehen, seine Ziele, aber auch seine Sorgen und Nöte. Eine Zusammenarbeit in Sachen Kreativität ist kaum möglich, ohne dass man sein Gegenüber auch persönlich besser kennenlernt. Wer kreativ arbeitet, gibt unweigerlich etwas von sich persönlich preis, weil eigene Emotionen, Erfahrungen und Haltungen in das Arbeitsergebnis einfließen. Und wer auf eine kreative Leistung reagiert, sagt im Gegenzug mit seiner Einschätzung auch etwas über sich selbst aus. »Kreativbeziehungen« gehen daher häufig tiefer als übliche Geschäftsbeziehungen.

Beziehungen brauchen Pflege.

Eine gute persönliche Beziehung ist folglich die beste Basis für eine langjährige Zusammenarbeit. Das sehen übrigens auch die Kunden mehrheitlich so. In einer Studie der Zeitschrift *Absatzwirtschaft* und dem *Gesamtverband Kommunikationsagenturen*

GWA gaben über 80 Prozent der Befragten an, persönliche Beziehungen und eine gute »Chemie« zwischen Kunden- und Agenturmitarbeitern sei ausschlaggebend für ihre Agenturwahl.[120] Und Ray Kroc, der McDonald's groß machte, soll gesagt haben: »Kümmern Sie sich um die Kunden, und das Geschäft wird für sich selbst sorgen.« Beziehungspflege fängt an mit kleinen Aufmerksamkeiten wie der Gratulation zum Geburtstag oder dem persönlich gehaltenen Weihnachts- oder Neujahrsgruß. Dazu gehört weiter, dass nicht jeder Impuls, jedes Telefonat oder jeder erbetene Rat gleich kostenpflichtig ist. Und für mich gehört auch dazu, mit offenen Augen durch die Welt zu gehen und kreative Ideen, die für meinen Kunden interessant sein könnten, selbst ohne expliziten Auftrag weiterzugeben. Ich reise beispielsweise viel und gerne, und dabei ist mein »Gestalter-Gehirn« nie ausgeschaltet (was für meine Begleitung manchmal eine echte Herausforderung bedeutet). So konnte es passieren, dass ich mit einer Tüte voller Produkte oder einem Sack voller Fotos aus New York zurückkehrte und Kunden eine Kurzpräsentation spannender Ideen auf dem US-Markt anbot, oder dass mich südafrikanische Kunsthandwerker zu neuen, unverbrauchten Gestaltungsideen inspirierten.

Was sich auf Dauer nicht auszahlt

Die Kehrseite intensiver und langjähriger Kundenbeziehungen ist ein echter Trennungsschmerz, wenn die Zusammenarbeit einmal endet. Noch heute fahre ich manchmal an Firmengebäuden und Werbetafeln vorbei und denke wehmütig an die erfolgreiche und intensive Kooperation zurück. Dennoch bleibt es meine Überzeugung, dass Kreativität am ehesten mit Volldampf und ganzem Herzen funktioniert! Ausgesprochene Kundenjäger dagegen sind oft mehr an der Jagd selbst interessiert als daran, was sich hinterher mit dem gewonnenen Kunden umsetzen lässt. So kommt es manchmal zu Auswüchsen wie überhöhten Honoraren, die dem Kunden sauer aufstoßen, wenn er das bemerkt, und eine weitere Zusammenarbeit verhindern. Ich bin mir sicher, dass sich so etwas auf Dauer nicht auszahlt. Eine vertrauensvolle Zusammenarbeit braucht Monate des Aufbaus und kann in wenigen Momenten zerstört werden. Doch auch wenn man die lautersten Absichten hat und sein Bestes zu geben entschlossen ist, lässt sich ein Auf und Ab in der Kundenbeziehung nicht ganz vermeiden.

Achtung, Achterbahn! – Phasen der Kundenbeziehung

Nie werde ich den Tag vergessen, an dem mich der Produktmanager eines langjährigen Kunden anrief: »Ich wollte nur mitteilen, wir sollen mit euch nichts mehr machen. Ihr könnt keine Störer!« Ich traute meinen Ohren nicht. Wir arbeiteten mit diesem Unternehmen seit vielen Jahren zusammen, hatten erfolgreich riesige Projekte gestemmt, und nun das? Zum besseren Verständnis: Ein »Störer« ist ein optisch auffälliges grafisches Element, das aus der sonstigen Gestaltung herausfällt. Als Supermarktkunde kennst du Störer zum Beispiel als gelben Kreis auf Produktverpackungen, in dem etwa steht »Jetzt 20 % mehr Inhalt« oder »Neue Sorte!«. Wegen eines Störers eine erfolgreiche Zusammenarbeit aufzukündigen, das ist ungefähr so, als wenn du eines Morgens zu deiner Partnerin oder deinem Partner sagst: »Du weißt einfach nicht, wie man eine Geschirrspülmaschine richtig einräumt. Deswegen lasse ich mich jetzt scheiden!«

Was Kundenbeziehung und Liebesbeziehung gemeinsam haben

Kundenbeziehungen sind tatsächlich Liebesbeziehungen auf eine etwas andere, natürlich nicht körperliche Art. Beide haben ganz ähnliche Muster. Es gibt die »Verliebtseins-Phase«, in der man Gefallen aneinander findet und voller Optimismus eine Zusammenarbeit startet. Dann lernt man sich in den Projekten besser kennen und entdeckt auch die weniger angenehmen Eigenheiten des anderen. Bald kommt es zu ersten Missverständnissen, und man ärgert sich über die andere Seite. Und so ärgert sich der Kunde manchmal auch über dich. Solche Missverständnisse und Ärgernisse musst du schnell ausräumen. Sonst setzt sich etwas fest, und es kann zum Bruch kommen, im schlimmsten Fall zur Trennung. Und dafür braucht es in der Geschäftsbeziehung anders als im Privaten nicht einmal Scheidungsanwälte, Gerichte und längere Wartezeiten. Das kann sehr schnell gehen. Je nachdem, wie stark du mit dem Auf und Ab jeder Kundenbeziehung rechnest und wie aufmerksam du auf Zwischentöne achtest, desto länger kann die Beziehung »Agentur – Kunde« dauern. Und wie ich im letzten Abschnitt schon erklärt habe: Es ist immer besser (erfüllender, stressfreier und am Ende auch lukrativer), bestehende Kunden zu »farmen«, als ständig auf der Jagd nach neuen Kunden zu sein. Wenn du eine Kundenbeziehung bewusst pflegst, wird sie tiefer und befriedigender. Du kennst den anderen immer besser, und ihr seid aufeinander eingespielt, zum beiderseitigen Nutzen. Ihr entwickelt gemeinsam Marken und realisiert Folgeprojekte.

In Krisen ratsam: die Flucht nach vorn

Wie ging meine »Störer«-Geschichte weiter? Ich rief den Marketingleiter an und fragte: »Was ist los bei euch? Wir ›können keine Störer‹? Dann lassen Sie uns doch darüber reden, wie wir eine Lösung finden, die für Sie passt!« Es stellte sich dann heraus, dass der Störer nur die Spitze eines Eisbergs an Problemen war, die sich über die Zeit angesammelt hatten, von kleinen Missverständnissen über Terminfragen bis zu internen Problemen im Unternehmen, die dazu führten, dass die Marketingabteilung plötzlich unter verschärfter Beobachtung stand. Denn auch das ist nicht ungewöhnlich: dass es in der Zusammenarbeit plötzlich hakt, weil es im Unternehmen interne Probleme gibt, von denen du nicht weißt und auch gar nicht wissen kannst. Offenkundig hatten wir schon längere Zeit nebeneinanderher gearbeitet, ohne Grundsätzliches zu klären. Dazu war einfach nie die Zeit. Ein ausführliches Gespräch klärte schließlich die Luft, und auch ein konsensfähiger »Störer« wurde gefunden.

Das Gegenmittel bei Beziehungsproblemen ist schlicht Kommunikation, wie jeder Therapeut bestätigen wird. Dieses Heilmittel wirkt präventiv wie kurativ. Für Kundenbeziehungen heißt das: Bleibe aufmerksam und behalte das Stimmungsbarometer im Auge. Frag regelmäßig nach, ob alles stimmt oder ob es Punkte gibt, über die man noch einmal sprechen sollte. Denke nicht: »Das wird schon!« Spätestens, wenn du bereits so irritiert bist, dass du »Wird schon« denkst, besteht Handlungsbedarf. Meiner Erfahrung nach bewähren sich dann Fragen wie:

- »Ich spüre gerade, dass das für Sie noch nicht rund ist. Was stört Sie?«
- »Ich habe den Eindruck, so ganz passt es doch nicht für Sie. Lassen Sie uns darüber reden.«
- »Kann es sein, dass wir ein Problem haben? Habe ich etwas übersehen? Helfen Sie mir auf die Sprünge.«

Zeit investieren, um mehr Zeit zu sparen

Mir ist bewusst, dass im hektischen Agenturalltag solche »Beziehungsforschung« häufig unterbleibt. Das ist verständlich, wenn der Schreibtisch überquillt und die Termine drücken. Das Fatale ist: Man spart keine Zeit, indem man sich solche Gespräche spart. Je mehr Sand sich im Getriebe ansammelt, desto mehr stottert der Projektmotor und desto mühsamer und zeitraubender wird es, ihn am Laufen zu halten. Wenn die Situation sehr verfahren scheint, ist ein persönliches Gespräch die beste Lösung. Mit der Betreffzeile »Auf ein Wort!« habe ich das beispielsweise einem Kunden per E-Mail angeboten: Ich würde gerne zu einem Gespräch vorbeikommen, um mich besser auf seine Anforderungen einstellen zu können. Dabei zählt auch die Geste: Es ist mir wichtig, dass wir gut zusammenarbeiten, und dafür nehme ich auch einen Weg in Kauf. Im Laufe der Zeit entwickelt man Antennen für die Qualität der Zusammenarbeit und lernt die Warnsignale zu lesen: Ansprechpartner tauchen plötzlich ab, sind nicht zu erreichen oder vertrösten wiederholt. Gespräche verlaufen kurz angebunden, oder Kleinigkeiten werden zum Anlass für harsche Kritik genommen. Entscheidungen verzögern sich, und wenn man nachfragt, klingen die Gründe dafür wenig überzeugend. Die Checkliste »Bessere Einschätzung des Kunden« sensibilisiert für solche Faktoren.

Checkliste: Bessere Einschätzung des Kunden

- ☐ *Hinwendung zum Kunden*
  Weniger von sich und vergangenen tollen Cases erzählen, dafür aufmerksamer für den Kunden sein (»hinspüren«)
- ☐ *Fokus auf aktuelle Kundenanforderungen*
  Öfter fragen, was der Kunde jetzt und nicht erst in zwei bis drei Jahren (wo Kreative in Gedanken häufig schon sind) braucht
- ☐ *Strategie schlägt Sympathie*
  Herausfinden, wer der eigentliche Entscheider ist, und die Kommunikation darauf abstimmen

- [ ] *Maximalen Support kommunizieren*
  Die Botschaft aussenden: »Wir bekommen das gemeinsam hin, es gibt immer eine Lösung. Manchmal braucht es mehr Zeit oder zusätzliche Kompetenzen, manchmal wird es etwas teurer, aber es gibt immer einen Weg.«
- [ ] *Warnsignale beachten*
  Werde ich oft vertröstet, oder nimmt mein Kunde das Telefon nicht mehr ab?
- [ ] *Einladung zur offenen Kommunikation*
  Offensiv nachfragen, ob es in der Zusammenarbeit ein Problem gibt. Keine Angst vor der Antwort haben, sondern konstruktive Lösung anbieten

Für ein gutes Ende sorgen

In der Praxis arbeiten sowohl auf Kunden- als auch auf Agenturseite Teams an einem Projekt. Je besser sich beide Seiten kennen und je mehr sie sich schätzen, desto produktiver die Zusammenarbeit. Kurze Workshops in der Startphase oder auch bei wichtigen Zwischenergebnissen größerer Projekte können dabei helfen. Es geht dann nicht nur darum, inhaltlich alle auf den gleichen Stand zu bringen. Auch die Gelegenheit zum informellen Austausch ist hilfreich – die Pausen sind genauso wichtig wie das offizielle Programm! Zwei, drei Stunden in ansprechender Umgebung sind gut investierte Zeit. Doch bei all dem bleibt es dabei, dass jede Zusammenarbeit irgendwann endet – und sei es nur, weil der Kunde »einfach mal was Neues ausprobieren will«. In anderen Fällen haben Ansprechpartner beim Kunden gewechselt und bringen ihre bisherige Agentur mit, oder Mitbewerber auf dem Agenturmarkt sind mit attraktiven Avancen erfolgreich. Auch inhaltliche und persönliche Differenzen können zum Ende einer Zusammenarbeit führen. In all diesen Fällen ist es gut, wenn man sich so voneinander verabschiedet, dass man sich bei der nächsten Begegnung noch in die Augen sehen kann. Denn es ist auf dem Kreativmarkt wie überall: Meist sieht man sich im Leben zweimal – vielleicht sogar bei einem neuen Projekt!

3 Hacks für eine produktive Zusammenarbeit

 # Hack 1: Ein optimistisches Mindset

Unwägbarkeit gehört zu einem Leben als Kreative(r) dazu. Auch wenn du dein Bestes gibst, kannst du am Ende nie sicher sein, wie deine Ideen ankommen. Etwas Neues zu gestalten, bedeutet eben auch, etwas zu liefern, zu dem es noch keine etablierte Meinung gibt. Das ist Chance und Fluch zugleich. Begreife es als Chance und freue dich darüber – es ist ein Privileg, das nur wenige Menschen in ihrem Beruf tagtäglich ausleben können. Mir hat ein früherer Chef sehr geholfen, mit Optimismus an jede Kreation zu gehen. Sein Motto »Wir haben alles getan, der Rest liegt in Gottes Hand!« habe ich bereits erwähnt. Das hilft mir bis heute, mit heiterer Gelassenheit an jede neue Aufgabe heranzugehen. Sei mit dem Herzen dabei und nimm das Restrisiko hin wie schlechtes Wetter oder den Stau auf der Autobahn!

 # Hack 2: Zeigen, wie man arbeitet – der Agency Day

Einmal im Jahr laden wir Kundenmitarbeiter zu uns in die Agentur ein, um ihnen unsere Arbeitsweise auf spannende und unterhaltsame Weise nahezubringen. Was machen wir eigentlich, und wie kommen wir auf unsere Ideen? Insbesondere junge Mitarbeiter greifen das Angebot begeistert auf und schauen Grafikern, Illustratoren, Textern über die Schulter. Sie erfahren etwas über den Wert klarer Briefings, über die manchmal mühsame Geburt von Ideen, über faszinierende moderne Zeichen- und Layout-Programme und über technische und organisatorische Abläufe. Idealerweise kommen an einem solchen Tag verschiedene Agenturkollegen zu Wort und geben Einblicke in ihren Alltag. Besonders gut kommt es an, wenn die Besucher selbst mitmachen und ausprobieren können, beispielsweise in Form eines fiktiven Kundenprojekts. Und natürlich sollen die Teilnehmenden alle eigenen Fragen und Wünsche loswerden können. Zugegeben: Das erfordert Vorbereitung und macht besonders beim ersten Mal ganz schön Arbeit, zahlt sich aber aus – so sehr, dass wir auch während der Coronapandemie einen »Digital Agency Day« auf die Beine stellen und auf diese Weise den Kontakt zu wichtigen Kunden trotz »Social distancing« halten konnten.

 # Hack 3: Regelmäßig Feedback einholen – und geben!
Es ist eigentlich naheliegend: Wer regelmäßig Feedback beim Kunden einholt, weiß am ehesten, woran er ist. Damit das im Agenturalltag nicht untergeht, kannst du es fest in den Projektablauf einplanen und einen kurzen Fragebogen einsetzen. Naheliegend sind beispielsweise Fragen wie die folgenden:

Unsere bisherige Zusammenarbeit beurteile ich insgesamt als ...

-3 ☐	-2 ☐	-1 ☐	0 ☐	+1 ☐	+2 ☐	+3 ☐
Extrem schlecht			befriedigend			Extrem gut

Unsere Kommunikation empfinde ich als ...

-3 ☐	-2 ☐	-1 ☐	0 ☐	+1 ☐	+2 ☐	+3 ☐
Extrem schlecht			befriedigend			Extrem gut

Die inhaltliche Umsetzung unseres Briefings ist bislang ...

-3 ☐	-2 ☐	-1 ☐	0 ☐	+1 ☐	+2 ☐	+3 ☐
Extrem schlecht			befriedigend			Extrem gut

Für die weitere Zusammenarbeit wünsche ich mir vor allem ...

Die Halbzeit eines Projekts und/oder spätestens dessen Abschluss sind plausible Stichtage, um seine Kunden um eine kurze Rückmeldung zu bitten. Zahlen ankreuzen zu müssen, mag sehr formell wirken, hat aber den Vorteil, dass der Gefragte sich zu einem klaren Votum durchringen muss. Werte um null und darunter sollten dich aufhorchen lassen und zu Nachfragen veranlassen. Wenn mehrere Kundenmitarbeiter um ihre Einschätzung gebeten werden, kristallisiert sich am ehesten ein zuverlässiges Meinungsbild heraus. Solche Fragebögen sind natürlich nicht zum Abheften gedacht, sondern dafür, miteinander ins Gespräch zu kommen. Und dieses Gespräch ist dann auch der ideale Zeitpunkt dafür, dem Kunden seinerseits ein Feedback zu geben und dabei neben positiven Punkten auch Verbesserungsmöglichkeiten diplomatisch anzusprechen.

Hier endet unsere gemeinsame Reise durch die Welt der Kreativität und der Innovation in Unternehmen, vorerst jedenfalls. Wenn du mehr wissen willst, findest du mich im Netz unter https://creative-entrepreneur-coaching.com und https://annett-schaper.com. Vernetze dich gerne bei LinkedIn mit mir oder abonniere einfach meinen Podcast Code of Creativity. Dort spreche ich jede Woche mit spannenden Gästen oder teile im »Mittwochs-Hack« eine Idee, die mir wichtig ist. Du findest ihn überall, wo es gute Podcasts gibt.

Ich hoffe, ich konnte den Funken der Kreativität in dir (wieder) entzünden, dir Mut machen, an deine Ideen zu glauben und für sie zu kämpfen. Das Leben ist zu kurz für Konformität und Verzagtheit. Kreativität ist nicht nur wirtschaftlich unverzichtbar, sie ist auch ein Glückrezept und ein Motor deiner persönlichen Entwicklung. Und Unternehmen brauchen Menschen, die sich trauen, neue Wege zu gehen und Innovationen anzubahnen, bevor ein Mitbewerber schneller ist. Wie wir gesehen haben, kommt es in Organisationen dabei vor allem auf drei Dinge an: auf den richtigen Spirit, auf individuelle Freiräume und auf eine Personalpolitik, die Neu- und Andersdenken belohnt. Eigentlich kein Hexenwerk, oder?

Zum Schluss: Ein Manifest für Kreativität!

Zum Schluss: Ein Manifest für Kreativität!

Bei Kreativität geht es nicht darum, die große Künstlerin zu sein, die größte Dichterin der Welt oder der kreativste Marketer des Universums. Nein, es geht darum, sich zu trauen, etwas zu wagen. Am besten fängst du damit an, indem du dir kleine Mikromomente der Kreativität im Alltag schaffst. Schreib dein Lieblingsgedicht einfach mal mit der nichtdominanten Hand und lach dich anschließend darüber kaputt, wie lustig das aussieht. Wenn du für Gedichte wenig übrighast, mach etwas anderes, von dem du dir gestern noch nicht vorstellen konntest, dass du es tun würdest.

Als Coach geht es mir darum, der Kreativität die Bedeutungsschwere zu nehmen und dich zu ermutigen, es einfach zu machen – was auch immer »es« ist. Kreativität beginnt damit, kleine Dinge anders zu machen, durch die Stadt zu laufen in Vierteln, wo du nicht zu Hause bist, und Wege zu Zielen zu finden, von denen du nie geglaubt hast, dass es sie gibt. Dabei entdeckst du viel Neues, das auch deinen Kopf in Bewegung bringt. Dafür musst du nicht in den Busch nach Afrika reisen, obwohl das für mich sehr schön und besonders war.

Wecke deine Kreativität auch durch das Tun selbst, beispielsweise dadurch, ein neues Material oder einen anderen Zugang zu einem Thema auszuprobieren. Wenn du sonst immer mit Pinseln großflächig mit Acryl gemalt hast, hol deinen Tuschkasten raus, der schon eingestaubt ist, und versuche etwas ganz anderes. Wenn du im Job immer mit einem Team-Brainstorming in eine kreative Aufgabe gestartet bist, trau dich etwas Neues, arbeite zum Beispiel mit der Analogie-Technik: Wie würde eine Gärtnerei, eine Galerie, eine Gastrokette oder, oder ... diese Fragestellung angehen? Klar kostet das Mut oder zumindest Überwindung, doch es ist keine Raketenwissenschaft. Ob es gleich gelingt, spielt dabei gar keine Rolle – es geht auch hier darum, in Bewegung zu kommen. Im Tun merkst du vielleicht, wow, eigentlich hatte ich mir ein anderes Ergebnis vorgestellt, aber im Prozess bekommt es einen neuen Twist. Und der ist vielleicht noch besser, auf andere Weise außergewöhnlich als gedacht. So etwas zu erleben, macht glücklich und ermutigt dazu, weitere Fesseln abzustreifen.

Ich möchte mit diesem Buch aufrütteln. Es geht mir darum, angewandte Kreativität im Marketing, in Unternehmen oder auch als Designerin nicht von vornherein zu kastrieren oder Blockaden aufzubauen. Eine Blockade wie den Gedanken, dass es sehr viel Zeit braucht oder ein besonderes Talent oder eine bestimmte, erst mühsam zu erlernende Methode, um kreativ zu sein. Kreative Ideen kommen am ehesten zu dir, wenn du es schaffst, locker zu bleiben und gleichzeitig ins Handeln zu kommen. Wenn du unsicher bist, geh erst mal duschen, schlafe eine Runde oder träume aus dem Fenster. Versuche, den Zipfel deiner kindlichen Energie wieder zu fassen zu kriegen. Wie würdest du beispielsweise als Sechsjähriger das Problem zu lösen versuchen? Bleib spielerisch und kette dich nicht zu sehr an das Vorhandene oder Naheliegende. Mit kindlich-spontaner Kreativität kommst du dir selbst wieder nahe und fühlst dich ganz, komplett und richtig. Eben im Flow.

Deswegen: Schaff dir Mikromomente der schöpferischen Gestaltung. So kommst du schnell in den Flow und bist motiviert für größere Aufgaben. Denn mutig sein bedeutet ja nicht die Abwesenheit von Angst. Mut ist nur die helle Kehrseite der Medaille »Angst«, die wir häufig seit Jahren mit uns herumschleppen. Je mehr du es schaffst, etwas zu wagen, desto mehr wird deine Angst vor dem Scheitern schrumpfen. Und falls sie doch mal die Oberhand gewinnt und die Blockaden unüberwindlich scheinen, sei dir versichert: Das ist nur ein Moment, der vorübergeht.

Also: Bleib neugierig! Und komm ins Tun!

Deine Annett

Anmerkungen

1 Michael L. Ray/Rochelle Myers: Creativity in Business. New York: Random House/Broadway Books 1986.
2 Ebd., S. xi.
3 a. a. O.
4 a. a. O.
5 Ebd., S. xii.
6 Teresa M. Amabile: »The Social Psychology of Creativity: A Componential Conceptualization«, in: Journal of Personality and Social Psychology 45, No. 2 (August 1983), S. 357–377.
7 Michael L. Ray/Rochelle Myers: Creativity in Business. a. a. O., hier S. 4.
8 a. a. O.
9 a. a. O.
10 a. a. O.
11 Ebd., S. 5.
12 Shane Parish: »Mental Models: The Best Way to Make Intelligent Decisions«, https://fs.blog/mental-models/#what_are_mental_models.
13 Miriam Meckel/Daniel Rettig: Serendipity. Wer nicht sucht, der findet. Zürich/Berlin: Kein & Aber 2018, S. 102ff., und https://de.statista.com/infografik/22939/absatz-und-umsatz-von-sofortbild-kameras-in-deutschland/.
14 Richard Florida: The Rise of the Creative Class. New York: Basic Books 2002.
15 World Economic Forum: The Future of Jobs Report 2020, S. 38 (Download unter https://www3.weforum.org/docs/WEF_Future_of_Jobs_2020.pdf) und https://www.futureskills.org/manifest.
16 Podcast Code of Creativity, Folge 67: Dr. Julia Gumula – auf den Schultern von Riesen stehen.
17 Vgl. https://kreativitätstechniken.info/ideen-generieren/osborn-checkliste/.
18 Karl-Heinz Brodbeck: Mythos Kreativitätstechnik. Download unter http://www.khbrodbeck.homepage.t-online.de/mythos.pdf.

19 Vgl. »Exportweltmeister für Ideen: In Deutschland erfunden, in Japan gebaut«, in: Spiegel online vom 01.09.2008.

20 Albert Bandura: Self-Efficacy. The Exercise of Control. Broadway: Worth 1997.

21 Vgl. Carl Naughton: Neugier. So schaffen Sie Lust auf Neues und Veränderung. Berlin: Econ 2016, hier S. 55ff.

22 Alle eingeblendeten Zitate stammen aus meinem Podcast »Code of Creativity«. Ich danke meinen Gesprächspartnern ganz herzlich für ihren Input!

23 https://www.marshmallowchallenge.com/.

24 https://www.weforum.org/agenda/2017/09/skills-children-need-work-future-play-lego/ und https://innovators-guide.ch/wp-content/uploads/2012/12/torrance-creativity-test.pdf.

25 https://www.wiwo.de/erfolg/beruf/forschung-warum-kinder-so-kreativ-sind/20235088.html.

26 Gregory J. Feist: A Meta-Analysis of Personality in Scientific and Artistic Creativity. In: Personality and Social Psychology Review (1998), Band 2, Nr. 4, S. 290–309.

27 Vgl. etwa Encyclopedia of Human Behavior. Elsevier Science 1994, Band 2, S. 11.

28 https://innovators-guide.ch/2012/12/joy-paul-guilford/.

29 Vgl. Gregory J. Feist, a. a. O.

30 Karl Valentin sagte das über Kunst.

31 https://blog.artsper.com/de/ein-naeherer-einblick-de/10-dinge-die-sie-uber-vincent-van-gogh-wissen-sollten/.

32 Bas Kast: KLICK. Das Handwerk der Kreativität oder wie die guten Ideen in den Kopf kommen. Frankfurt a. M.: Fischer, 5. Aufl. 2021, hier S. 222.

33 Quelle: Karl Hosang: »Psychologische Entropie [einfach erklärt] – Psychologie trifft Physik«; im Internet unter https://karlhosang.de/kreativitaet-psychologische-entropie/.

34 Den Neugier-Fragebogen gibt es hier: https://osf.io/q4v5k; das Mussel-Zitat stammt aus Dorsch: Lexikon der Psychologie, und ist hier nachzulesen: https://dorsch.hogrefe.com/stichwort/neugier.

35 Carl Naughton: Neugier. So schaffen Sie Lust auf Neues und Veränderung. Berlin: Econ 2016, hier S. 51f.

36 https://www.wiwo.de/erfolg/trends/kreativitaet-kann-man-zwanghaft-originell-sein/23875718-all.html.
37 https://www.quarks.de/gesellschaft/bildung/warum-es-sinnvoll-ist-mit-der-hand-zu-schreiben/ oder https://www.forschung-und-lehre.de/forschung/warum-wir-wieder-mehr-mit-der-hand-schreiben-sollten-2504.
38 Vgl. https://karlhosang.de/was-ist-kreativitaet/ und https://karlhosang.de/kreativitaet-psychologische-entropie/#more-4017.
39 Miriam Meckel/Daniel Rettig: Serendipity. Wer nicht sucht, der findet. Berlin: Kein & Aber 2018, S. 12, 88ff., 201ff.
40 https://ideenangler.de/dem-gehirn-beim-out-of-the-box-denken-helfen/.
41 Mason Currey/Arno Frank: Mehr Musenküsse. »Am kreativsten bin ich, wenn ich bügle.« Zürich/Berlin: Kein & Aber, 3. Aufl. 2017, hier: S. 14, 40, 148, 209.
42 https://www.spektrum.de/news/das-gehirn-beim-tagtraeumen/1401860.
43 Vgl. hierzu Johann Hari: Abgelenkt. Wie uns die Konzentration abhandenkam und wie wir sie zurückgewinnen. München: Riva 2022, S. 102ff.
44 https://www.spektrum.de/news/das-gehirn-beim-tagtraeumen/1401860.
45 Zit. n. Hari, a. a. O., S. 106.
46 Mason Currey/Arno Frank, a. a. O., S. 13f.
47 Zit. n. Bernd Heusinger/Martin Blach/Marcel Loko: Kreativiert Euch! Damit Deutschland wieder genial wird. Berlin/München: Europa Verlag 2018, hier: S. 104.
48 David Goggins: Can't Hurt Me: Master Your Mind and Defy the Odds. Austin, Texas: Lioncrest 2018.
49 Mihály Csíkszentmihályi: Flow und Kreativität. Wie Sie Ihre Grenzen überwinden und das Unmögliche schaffen. Stuttgart: Klett-Cotta, 5. Aufl. 2021, hier S. 177f.
50 Mihály Csíkszentmihályi: Finding Flow: The Psychology of Engagement with Everyday Life. New York: Basic Books 1998.
51 Mihály Csíkszentmihályi: Flow und Kreativität, a. a. O., S. 162–166 (alle Zitate siehe dort).

52 https://www.spiegel.de/karriere/arbeitsunterbrechungen-alle-vier-minuten-werden-wir-bei-der-arbeit-gestoert-a-15bdcb6c-0cd1-4523-94b6-07144272efe7.

53 https://www.haufe.de/arbeitsschutz/gesundheit-umwelt/multitasking-kleine-unterbrechungen-mit-grossen-folgen_94_404590.html.

54 Johann Hari: Abgelenkt. Wie uns die Konzentration abhandenkam und wie wir sie zurückgewinnen. München: riva 2022.

55 Ebd., S. 60.

56 https://www.spektrum.de/news/lieber-elektroschocks-als-nichts-tun/1299049.

57 Vgl. https://www.faz.net/aktuell/gesellschaft/menschen/warum-eltern-im-silicon-valley-ihre-kinder-vom-smartphone-fernhalten-15894313.html?premium#void und Hari, a. a. O., S. 131.

58 Vgl. hierzu Roy Baumeister/John Tierney: Die Macht der Disziplin. Wie wir unseren Willen trainieren können. Frankfurt a. M., Campus 2022.

59 https://www.statista.com/statistics/222055/chuck-e-cheeses-annual-revenue/.

60 https://www.inspiredinsider.com/nolan-bushnell-one-question-inspires/.

61 Roy Baumeister/John Tierney: Die Macht der Disziplin, a. a. O. Seligman/Duckworth nach Jochen Mai, Disziplin lernen: 10 Schritte zu mehr Selbstdisziplin; im Internet unter https://karrierebibel.de/disziplin-selbstdisziplin/.

62 Howard Gardner: Kreative Intelligenz: Was wir mit Mozart, Freud, Woolf und Gandhi gemeinsam haben. Frankfurt a. M.: Campus, 2. Aufl. 1999.

63 Mihály Csíkszentmihályi: Flow und Kreativität, a. a. O., S. 161 und 183.

64 Roy Baumeister/John Tierney: Die Macht der Disziplin, a. a. O., S. 33ff.

65 Nele Moost, Annet Rudolph: Alles erlaubt? oder Immer brav sein, das schafft keiner! Stuttgart: Esslinger 2003.

66 Mihály Csíkszentmihályi: Flow und Kreativität, a. a. O., S. 209.

67 https://www.businessinsider.de/strategy/ein-navy-seal-sagt-disziplin-entscheidet-ueber-euren-erfolg-2017-9/.

68 Vgl. etwa https://www.inc.com/peter-economy/use-40-percent-rule-to-achieve-impossible.html.

69 Vgl. zum Beispiel https://www.resilienz-akademie.com/innere-antreiber/.

70 Mel Robbins: Die 5 Sekunden Regel: Wenn du bis 5 zählen kannst, kannst du auch dein Leben verändern. Gerlingen: Frech, 2. Aufl. 2018.

71 https://www.spiegel.de/geschichte/digitalkamera-erfinder-steve-sasson-ueber-kodaks-pleite-a-1057653.html.

72 Mueller, Jennifer S./Melwani, Shimul/Goncalo, Jack A.: »The Bias Against Creativity: Why People Desire but Reject Creative Ideas«; in: Psychological Science 2012, Bd. 23 (1), S. 13ff.

73 https://www.wiwo.de/unternehmen/handel/werbung-diese-slogans-kapieren-die-deutschen-nicht/13021452.html.

74 https://www.stern.de/wirtschaft/anglizismen--come-in-and-find-out--3543674.html.

75 Hans-Georg Häusel: Brain View. Warum Kunden kaufen. Freiburg i. Br.: Haufe, 2. Aufl. 2008, S. 96ff.

76 Eine Zusammenfassung der Diffusionstheorie findest du unter https://www.business-wissen.de/hb/adoption-und-diffusion-wie-die-markteinfuehrung-gelingt/.

77 Vgl. https://karrierebibel.de/not-invented-here-syndrom/.

78 Carl Gustav Jung: Archetypen: Urbilder und Wirkkräfte des kollektiven Unbewussten, Ostfildern: Patmos, Neuauflage 2022.

79 Vgl. dazu Mehrabian selbst im Interview: https://www.der-rhetoriktrainer.de/blog/nonverbale-kommunikation-das-mehrabian-missverstandnis/.

80 Interview unter der Headline »Kreativität: Unternehmen sollten ihren Mitarbeitern mehr zutrauen« (19.08.2016), https://www.zeit.de/karriere/beruf/2016-08/kreativitaet-innovation-brainstorming-teamarbeit-fuehrungskraft?utm_referrer=https%3A%2F%2Fwww.google.de%2F.

81 Download unter https://www.thinkwithgoogle.com/future-of-marketing/creativity/8-pillars-of-innovation/.

82 https://de.statista.com/statistik/daten/studie/195387/umfrage/anzahl-der-mitarbeiter-von-google-seit-2001/.

83 https://killedbygoogle.com/.

84 Vgl. beispielsweise https://www.sueddeutsche.de/digital/20-prozent-zeit-fuer-mitarbeiter-google-boss-page-beendet-erfolgsprogramm-1.1748360 oder https://www.tecchannel.de/a/legendaere-20-prozent-regelung-bei-google-ruht,2043498.

85 Marissa Mayer zit. n. https://de.finance.yahoo.com/news/googles-angestellte-haben-20-prozent-155732498.html.

86 https://www.3mdeutschland.de/3M/de_DE/presse-de/presse-meldungen/ganzemeldung/?storyid = aba3d7d5-8586-4cdb-8b7f-4318782b3904.

87 Zit. n. Jean-Philippe Hagmann: Hört auf, Innovationstheater zu spielen. Wie etablierte Unternehmen wirklich radikal innovativ werden. München: Franz Vahlen 2018, hier S. 6.

88 https://www.aboutamazon.de/news/ueber-amazon/unsere-geschichte-was-aus-einer-garagen-idee-werden-kann.

89 Quellen: https://www.techbook.de/lifestyle/die-groessten-amazon-flops, https://www.businessinsider.de/tech/mit-diesen-gigantischen-flops-hat-amazon-milliarden-verbrannt-2019-6/.

90 https://www.aboutamazon.com/news/company-news/2016-letter-to-shareholders.

91 Zit. n. Frank Dopheide: Gott ist ein Kreativer, kein Controller. Über das Leben außerhalb der Effizienzfalle oder warum wir mit unserem Lebenspartner kein Jahresgespräch führen sollten. Berlin: Econ, 2. Aufl. 2021, hier S. 88.

92 https://www.srf.ch/kultur/gesellschaft-religion/die-nuss-nougat-creme-hat-es-nicht-leicht.

93 https://www.aboutamazon.com/news/company-news/2016-letter-to-shareholders.

94 Ich empfehle dazu den lesenswerten und sorgfältig recherchierten Artikel »Thomas Alva Edison« bei wikipedia: https://de.wikipedia.org/wiki/Thomas_Alva_Edison.

95 Vgl. dazu https://www.bosch.com/de/stories/innovationskultur/ und https://www.basicthinking.de/blog/2018/07/16/innovations-kultur-3m/.

96 https://www.fintropolis.de/article/innovatives-denken-mach-einfach-mal.

97 https://www.aboutamazon.de/news/arbeiten-bei-amazon/unsere-leadership-principles.

98 Zit. n. Anja Förster/Peter Kreuz: 99 Zitate für Business Querdenker. Edition 2010/11, hier: S. 16.

99 Deutsche Ausgabe: The Innovators Dilemma: Warum etablierte Unternehmen den Wettbewerb um bahnbrechende Innovationen verlieren. München: Vahlen 2011.

100 https://www.economist.com/books-and-arts/2011/06/30/aiming-high.

101 Der Untertitel des amerikanischen Originals lautet »When New Technologies Cause Great Firms to Fail«.

102 Zit. n. Horst Geschka/Andrea Zirm: »Kreativitätsförderung im Unternehmen«; in: manager wiki; im Internet unter http://www.manager-wiki.com/innovationsmanagement/94-kreativitaetsfoerderung-im-unternehmen.

103 Zit. n. Frankfurter Allgemeine Zeitung Verlagsspezial »Entrepreneur Of The Year«, 30.11.2022, S. V4.

104 Vgl. https://x.company/# (»We approach projects that have the aspiration and riskiness of research with the speed and ambition of a startup.«).

105 https://area120.google.com/.

106 https://www.googlewatchblog.de/2022/09/google-die-haelfte-area120/.

107 https://www.n-tv.de/wirtschaft/Biontech-kauft-britisches-KI-Startup-article23834607.html.

108 https://www.spiegel.de/wirtschaft/gelber-weckruf-a-09ce9484-0002-0001-0000-000146269157?context=issue.

109 Zur Unternehmensgeschichte von StreetScooter gibt es einen lesenswerten Wikipedia-Artikel: https://de.wikipedia.org/wiki/Streetscooter.

110 https://www.ey.com/de_de/strategy-transactions/so-gelingt-die-integration-von-start-ups.

111 Alan G. Robinson/Sam Stern: Corporate Creativity: How Innovation & Improvement Actually Happen. San Francisco: Berrett-Koehler 1998, hier: S. 12 (meine Übersetzung).

112 Download im Internet https://erfolgsfaktoren-fuer-unternehmen.de/wp-content/uploads/2022/10/Epaper_Erfolgsfaktor_Kreativitaet_2022.pdf, hier S. 5.

113 Download der Studie unter https://landing.adobe.com/dam/downloads/whitepapers/55563.de.creative-dividends.pdf.

114 Ein Porträt dieses Unternehmensnarren, Paul Birch, gibt es hier: https://www.fastcompany.com/35777/hes-no-fool-he-plays-one-inside-companies.

115 https://en.fuckupnights.com/.

116 https://www.meedia.de/marken/agentur-kunden-beziehung-liebe-nach-terminkalender-374ec7c980840c7b9d1707a58382856c.

117 Quelle: https://die-richtige-agentur.de, mit Berufung auf das Statistische Bundesamt.

118 Ella Kensington: Die 7 Botschaften unserer Seele. München: Goldmann 2008.

119 Vgl. https://www.horizont.net/marketing/nachrichten/was-sich-mehr-lohnt-neukunden-akquise-oder-bestandskunden-pflege-194321.

120 https://die-richtige-agentur.de/tools/kriterien-bei-der-agenturauswahl.

Stichwortverzeichnis

Über die Autorin

Annett Schaper ist Expertin für Kreativität, Künstlerin und Keynote Speakerin. Sie coacht Führungskräfte, Business Owner und Start-up-Gründer, die sich kreative Freiräume erschaffen und Neues entwickeln wollen, ohne ihren Fokus zu verlieren. Zuvor entwickelte und realisierte sie drei Jahrzehnte lang in verschiedenen Funktionen neue Ideen mit und für Unternehmen.

Sie arbeitete als Freelancerin für verschiedene Agenturen, bevor sie nach einem Jahr in New York (bei Flurer Design) bei der Pahnke Markenmacherei andockte und ab 2000 als Kreativ-Direktorin bei Landor Associates Hamburg/London große Budgets verantwortete. Ihre Stationen: 2005 Gründung der ersten eigenen Agentur, die in Redpack Brand Design mit zwei Co-Geschäftsführern aufging. 2009 Gründung der Menori Design GmbH mit zuletzt 13 Mitarbeitenden. Zu ihren Kunden zählten bekannte Unternehmen und Marken wie AbZ Pharma, Calida, Ferrero oder Zott.

Heute berät Annett Schaper weiterhin Unternehmen in der von ihr schon vor Jahren ins Leben gerufenen »Kreativitätssprechstunde«. Sie hält Vorträge zum Thema »Kreativität«, gibt Workshops und interviewt in ihrem Podcast CODE OF CREATIVITY seit April 2021 wöchentlich kreative Menschen unterschiedlicher Branchen – Musiker, Fotografen, Köche, Choreografen, Filmemacher, Schauspieler, aber auch Gründer und Unternehmer. Sie war wiederholt und zuletzt 2022 Jurymitglied des iF-Design Awards, einem der weltweit wichtigsten Designpreise.

Mehr über Annett Schaper unter https://creative-entrepreneur-coaching.com und https://annett-schaper.com